LES SIMPSON ET LA SCIENCE

Chez le même éditeur, quelques livres conjuguant la science et l'humour (en dessins) :

Antonio Fischetti et Guillaume Lecointre, *Charlie ramène sa science*, illustré par l'équipe des dessinateurs de *Charlie Hebdo*, 352 pages, coédition *Charlie Hebdo*

Antonio Fischetti, *La symphonie animale : comment les bêtes utilisent le son*, illustré par Honoré, 144 pages (avec un DVD), coédition ARTE Éditions

Gérald Bronner, *Coïncidences : nos représentations du hasard,* illustré par Charb, Honoré, Riss et Tignous, 160 pages

Éric Le Bourg, *Le vieillissement : faits, peurs et fantasmes*, illustré par Charb, Luz et Riss, 144 pages

Éric Le Bourg, *Bienvenue chez les vieux ? Pour ne pas faire de l'avenir un cauchemar*, illustré par Charb, 144 pages

Colin Masters, *Notre ADN et nous : vivre avec les biotechnologies*, traduit de l'anglais (Australie) par Sophie Zuber ; en complément : *Génétique et politique* ou l'ADN des autres vu par les dessinateurs de *Charlie Hebdo*, 176 pages

Istvan Berkes, La physique de tous les jours, illustré par Yves Guézou, 6e édition mise à jour, 464 pages

Jean-Marc Lévy-Leblond, *La physique en questions : mécanique*, illustré par Yves Guézou, 136 pages

Jean-Marc Lévy-Leblond et André Butoli, *La physique en questions : électricité et magnétisme*, illustré par Yves Guézou, 144 pages

MARCO MALASPINA

LES SIMPSON ET LA SCIENCE

TRADUIT DE L'ITALIEN PAR VALENTINA GARDET

COLLECTION « VA SAVOIR! »
VUIBERT La Recherche PARTENAIRE

L'édition originale de ce livre a été publiée en octobre 2007 chez Sironi Editore à Milan dans la collection « Galapagos » sous le titre *La scienza dei Simpson: guida non autorizzata all'Universo in una ciambella*

Illustration de couverture: dessin original de Jul
Graphisme de couverture: Linda Skoropad
Traduction: Valentina Gardet
Relecture et correction: Alain Rossignol
Maquette, composition et mise en page: Isabelle Paisant
Coordination technique: Alain Luguet, assisté de Thibault Malfoy

ISSN 1965–0876
ISBN 978 2 7117 2058 3

Table des matières

Avant-propos

Je les ai rencontrés pour la première fois un soir de mai 1995. J'avais terminé mes études depuis peu. Je devais partir quelques jours plus tard pour une ville impersonnelle et déprimante du nom de Palestine, au cœur du Texas. Comme ville, on ne peut pas faire plus américaine, avec ses quarante églises au bas mot pour moins de vingt mille habitants, et son supermarché ouvert vingt-quatre heures sur vingt-quatre pour seul lieu de rencontre. Une ville destinée à vivre son tragique quart d'heure de célébrité huit ans plus tard, le 1er février 2003, quand des fragments du *Space Shuttle Columbia* sont tombés du ciel à Palestine, après l'explosion de la navette spatiale au moment d'entrer dans l'atmosphère, avec sept astronautes à bord, à cause d'un morceau d'isolant qui s'était détaché.

Je devais à l'époque rejoindre une équipe d'astrophysiciens de l'institut d'études et de technologies des radiations extraterrestres du CNR. Mes collègues étaient déjà au Texas, à la Columbia Scientific Balloon Facility (une base de la NASA pour le lancement de ballons stratosphériques), afin d'expédier un télescope à 40 km d'altitude dans le but d'étudier les radiations du fond cosmique. Nous étions inquiets. Les deux premières tentatives s'étaient mal passées, et nous avions presque épuisé tous nos fonds. Ce lancement à Palestine était notre dernière chance.

Il devait donc être dix heures, dix heures et demie, ce dimanche soir du mois de mai 1995. Je me reposais devant la télévision. Devant la chaîne Canale 5. Sans chercher à me concentrer, sans même essayer de suivre ce que disaient ces horripilants personnages jaunes. J'étais déjà tombé dessus par hasard, en zappant. J'en avais aussi entendu parler, je crois, dans des journaux ou dans des émissions ; d'après ce qu'on en disait, ils étaient grossiers. Certains parents s'étaient même plaints, inquiets de l'influence néfaste qu'ils pouvaient exercer sur leurs enfants. Par ailleurs, pour qu'un dessin animé soit diffusé en deuxième partie de soirée, il fallait bien qu'il y ait quelque chose qui n'aille pas, me disais-je. Et en effet, quelque chose n'allait pas. Ça n'était pas les insultes, mais plutôt les dialogues en eux-mêmes. Il y avait ce personnage, un certain Homer, qui regardait la télé, assis sur le canapé, la télécommande à la main, tout comme moi. Et puis il y avait ces types de la NASA qui parlaient d'explorations spatiales. Jusque-là rien d'anormal : quand on parle de navettes spatiales, la NASA n'est jamais loin, dans les dessins animés aussi. Seulement, ici, les personnages employaient les mêmes arguments et les mêmes mots que ceux auxquels nous avions quotidiennement recours au sein de mon groupe de recherche : « Chers collègues, nous risquons de perdre notre financement », disaient-ils. « L'Amérique ne s'intéresse plus à l'exploration spatiale[1]. »

Ce fut ma première rencontre avec *Les Simpson*, la série animée qui a la plus grande longévité de l'histoire de la télévision. Commencée en 1989, son 400ᵉ épisode a été diffusé en mai 2007, au bout de la 18ᵉ saison, et tout laisse à penser que cela continuera encore longtemps (surtout maintenant qu'est sortie la version cinématographique : *Les Simpson, le film*). Le dessin animé attire en moyenne 60 millions de téléspectateurs chaque semaine, répartis dans plus de soixante-dix pays. Il en existe même une version arabe, *Al Shamshoon*, adaptée et censurée à l'occasion (dans laquelle Homer s'appelle Omar, ne boit pas et ne s'approche pas des côtelettes de porc), tandis qu'il a été interdit, pour son irrévérence, au

1. David Mirkin, « Homer dans l'espace », 24 février 1994 (1F13). Pour cette citation et celles qui suivront, on indiquera le nom des scénaristes, le titre en français de l'épisode, la date de première diffusion aux États-Unis et, entre parenthèses, le code de production. Chercher la logique qui se cache derrière ces codes de production énigmatiques attachés à chaque épisode fait partie des passe-temps favoris des fans des Simpson. Toutefois, ces codes ont l'avantage indubitable d'être univoques, permettant ainsi aux chercheurs et aux passionnés du monde entier d'identifier sans ambiguïté tous les épisodes, indépendamment de la traduction du titre ou de leur localisation.

Costa Rica et en République dominicaine. Les études de marché le placent régulièrement en tête dans la tranche d'âge des 18-49 ans[1]. Le *Time* l'a qualifié de meilleur programme télévisuel des années quatre-vingt-dix, et on ne compte plus les prix qu'il a remportés[2], parmi lesquels le Peabody Award, reconnaissance prestigieuse récompensant le plus souvent le journalisme d'investigation, attribué aux *Simpson* en 1996 pour « son acerbe satire sociale ».

En tout cas, à mon retour du Texas, je n'avais pas la moindre idée de tout cela. Je ne m'imaginais pas que *Les Simpson* allaient devenir un phénomène en quelques années, pas plus que je ne savais combien ces personnages jaunes allaient influer sur ma vie. Je les avais tout simplement oubliés. C'est mon fils qui m'y a fait repenser, alors que la série était diffusée en Italie. Ce qui inaugura une époque, qui dure encore aujourd'hui, où tant que *Les Simpson* passaient à la télévision, on ne regardait rien d'autre. Une longue période pendant laquelle, grâce aussi aux nombreuses rediffusions, nous avons pu voir et revoir presque la totalité des épisodes diffusés en Italie.

C'est ainsi qu'à force de regarder la série, de la commenter (car en effet son impact sur la vie de la famille a tendance à dépasser les 22 minutes de chaque épisode, il arrive même qu'on la retrouve dans tous les sujets de conversation), je me suis rendu compte que des références scientifiques ponctuelles revenaient très fréquemment. Et ce pas seulement parce que Springfield, la ville où se déroule l'action de la série, ressemblait de plus en plus à Palestine, la ville texane où j'avais effectué ma mission scientifique. Non, il y avait beaucoup d'autres éléments, suffisamment pour en écrire un essai.

1. Pour ces chiffres, voir Mark I. Pinski, *The Gospel According to The Simpsons. The Spiritual Life of the World's Most Animated Family*, Louisville, Westminster John Knox Press, 2001.
2. Pour une liste complète des récompenses officielles, jusqu'en 2004, voir Chris Turner, *Planet Simpson : How a Cartoon Masterpiece Defined a Generation*, Cambridge, MA, Da Capo Press, 2004.

Encore un essai sur Les Simpson ?

Ça n'est pas que les essais sur cette série soient rares, bien au contraire. En plus du guide officiel des épisodes, *The Simpsons*[1], une bible en plusieurs volumes, autorisée par le créateur de la série – Matt Groening –, de nombreuses monographies ont été publiées ces dernières années.

En 1999 est sorti *The Simpsons and Philosophy*, un recueil d'essais d'une envergure académique, mais qui n'en sont pas moins lisibles, et qui proposent une relecture de l'histoire de la pensée à la lumière de la vie des habitants de Springfield[2]. Un autre classique du genre est *The Gospel According to the Simpsons*, du journaliste « religieux » Mark Pinski, un brillant évangile selon les Simpson, sur les références simpsoniennes aux Saintes Écritures et au panorama religieux diversifié de l'Amérique actuelle[3]. Pour qui serait intéressé par les études de communication audiovisuelle (*media studies*), le livre le plus indiqué est probablement *The Simpsons and Society*, de Steven Keslowitz, qui traite des influences réciproques entre *Les Simpson* et la culture contemporaine[4]. Pour une lecture moins académique et plus générale, en revanche, il y a *Planet Simpson*, écrit par un fan inconditionnel : Chris Turner. Chacune des 450 pages de ce livre est remplie d'anecdotes et de passion[5].

Il s'agit donc d'une production éditoriale en continuelle évolution : en 2006 a été publié un volume dédié à la psychologie des

1. Ray Richmond et Antonia Coffman, *The Simpsons : A Complete Guide to Our Favorite Family*, New York, Harper Perennial, 1997 (saisons 1-8). Scott Gimple, *Simpsons Forever ! A Complete Guide to Our Favorite Family*, New York, Harper Perennial, 1999 (saisons 9-10). Jesse L. McCann, *Simpsons Beyond Forever ! A Complete Guide to Our Favorite Family*, New York, Harper Perennial, 2002 (saisons 11-12). Les volumes se rapportant aux saisons suivantes sont en cours de publication.
2. William Irvin, Mark Conrad et Aeron Skoble, *The Simpsons and Philosophy, The D'oh ! of Homer*, Chicago, 2001.
3. Mark I. Pinski, *The Gospel According to the Simpsons*, déjà cité.
4. Steven Keslowitz, *The Simpsons and Society. An Analysis to Our Favorite TV Family and Its Influence in Contemporary Society*, Tucson, Hats Off Books, 2004.
5. Chris Turner, *Planet Simpson*, déjà cité.

personnages (*The Psychology of The Simpson*[1]). Et cette production va encore s'accroître avec la sortie du film où la science et surtout l'écologie ont un rôle de première importance.

Naturellement, il fallait aussi qu'il y ait une monographie sur les rapports entre *Les Simpsons* et la science : *What's Science Ever Done for Us*[2], de Paul Halpern, a été publié en 2007 aux États-Unis, il s'attache à montrer tout ce que *Les Simpson* peuvent nous apprendre sur la physique, la robotique, la vie et l'Univers. Voilà une nouvelle preuve que les sciences sont vraiment très présentes dans ce dessin animé. Au point de pouvoir en tirer au moins deux ouvrages aux styles très différents. D'une certaine manière, le livre d'Halpern et celui que vous avez entre les mains sont complémentaires. Ici, nous ne traiterons que marginalement des *Simpson* comme point de départ à l'argumentation, pour en revanche nous concentrer sur le rapport trouble, et pas systématiquement pédagogique, entre la science et la société dans le monde des bonhommes jaunes.

Voici en bref le plan de cet ouvrage : après une nécessaire introduction indiquant quelles sont les sciences présentes dans *Les Simpson* et en quelle proportion, vous trouverez sept chapitres correspondant à sept sujets différents.

Nous commencerons par l'énergie, qui, dans le cas de Springfield, est avant tout nucléaire. Le deuxième chapitre est dédié à l'écologie, de la biodiversité aux questions environnementales, en passant par l'élimination des déchets. Dans le troisième, on explorera les domaines de la médecine et de la santé, qui sont très chers aux Simpson. Le quatrième chapitre est consacré à l'alimentation sous toutes ses facettes (du régime amincissant ou grossissant à l'alcoolisme ou aux intoxications alimentaires), sujet crucial pour les habitants de Springfield. Puis dans le cinquième chapitre, espace et astronomie, en compagnie de Stephen Hawking, et analyse des rapports difficiles entre savants et citoyens. Les sciences expérimentales et la méthode

1. Alan Brown et Chris Logan, *The Psychology of The Simpsons : D'Oh!*, Dallas, Benbella Books, 2006.
2. Paul Halpern, *What's Science Ever Done for Us? What The Simpsons Can Teach Us About Physics, Robots, Life, and the Universe*, New York, John Wiley & Sons, 2007.

scientifique sont les protagonistes du chapitre suivant, entre laboratoires improvisés et salles de classe. Et, pour finir, un chapitre entièrement consacré à la querelle paradigmatique entre science et société, comme celle qui, ayant beau être ancienne, se trouve être plus actuelle que jamais (même s'il est gênant de l'admettre), c'est-à-dire la querelle entre darwinisme et créationnisme.

Une famille sur son canapé

Mais avant de nous aventurer sur ce territoire, allons à la rencontre de nos compagnons de voyage : ils font tous partie de la même famille, une famille traditionaliste, querelleuse et dysfonctionnelle. *Les Simpson* est tout d'abord une comédie familiale où chaque histoire se déroule et prend tout son sens à l'intérieur du microcosme formé de cinq personnages, avec de très rares exceptions. Un microcosme renfermé une bonne partie de la journée entre les murs de la maison. Ou, plutôt, sur le canapé du salon. Célébré de mille façons dans les brefs gags (justement appelés « gags du canapé ») du générique d'ouverture de chaque épisode, grâce à sa position stratégique devant la télévision, le canapé de la maison des Simpson est bien plus qu'un simple élément du décor : s'il existe un centre de gravité dans la série, il est là, sur ce canapé marron de dimensions très modestes, mais capable d'accueillir confortablement la famille au grand complet : les cinq personnes, le chien Petit Papa Noël et le chat Boule-de-neige II.

Commençons par le père de famille, le chef indiscuté de la télécommande. Homer, trente-six ans, poids oscillant entre 108 et 118 kg (dans un épisode, il atteint même 136 kg), est un bonhomme jaune et mou, une parodie vivante des pires traits de l'homme adulte contemporain. Homer est obèse, réactionnaire. Homer est ignorant, affectueux, lâche, distrait, opportuniste et incapable. Homer sait être cruel, il vit pour la bière Duff et les *donuts*. Homer est irresponsable. Il est irrésistible de la même manière que pouvait l'être un seul autre personnage de l'histoire de la littérature mondiale : le Falstaff d'*Henri IV*. Le rapprochement est beaucoup moins impropre que les inconditionnels de Shakespeare ne pourraient le craindre. Homer, comme l'inoubliable sir John Falstaff, est irrésistible en ce sens qu'on se reconnaît tous un peu en lui. Et il nous dépasse tous, nous les téléspectateurs, ses scénaristes et son créateur, Matt Groening. Parce qu'il a une capacité unique à susciter une empathie totale et inconditionnelle chez les spectateurs, une indulgence envers le monde, autrui et soi-même qui est plus forte que n'importe quelle discrimination entre tort et raison, simplicité et noblesse. Et Homer a en commun avec le gros chevalier shakespearien de nombreux autres défauts irrésistibles, comme nous pourrons le voir.

Marge, trente-quatre ans, $46^{1/2}$ de pointure, est l'épouse adorée d'Homer. Femme au foyer, on la reconnaît tout de suite à sa coiffure excentrique, une tour de cheveux couleur bleu n° 56. Équilibrée et conformiste, elle ne dédaigne pas cependant les joies du sexe, qu'elle arrive même parfois à pimenter avec un peu de perversion innocente. À la différence de son mari, républicain par principe (même s'il en est venu aux mains, au cours d'un épisode, avec l'ex-président des États-Unis Georges Bush senior), Marge a voté deux fois pour le démocrate Jimmy Carter. Dans un sondage (réel) rapporté par la BBC, elle s'est révélée être la « mère idéale[1] ».

Homer et Marge ont trois enfants. Bart, dix ans, ayant pour groupe sanguin l'improbable « double zéro négatif », est l'héritier spirituel de Tom Sawyer : malpoli, fainéant, grossier et menteur comme son père. Irrévérencieux et brillant, il n'a que très rarement des accès de sensibilité, et ils sont alors si émouvants qu'on lui pardonne tout.

Lisa, huit ans, est une Mafalda contemporaine. Pilier moral et intellectuel de la famille, elle s'est une fois autodéfinie comme « l'enfant la plus triste du cours élémentaire[2] ». Elle est l'extrémiste de la série, indépendante, radicale dans toutes ses passions et honnête

---

1. Le sondage avait été commandé par la Mother's Union, une association internationale dont le siège est à Londres, et a été largement repris par la BBC en mars 2003.
2. Al Jean et Mike Reiss, « St Lisa Blues », 11 février 1990 (7G06).

jusqu'à la moelle. En même temps, elle est aussi télé-dépendante que son frère et a tendance à tomber amoureuse du mauvais garçon (ou du maître auxiliaire). Ses passions : le jazz, les poneys et les sciences. Dans une interview, Matt Groening a déclaré que Lisa était le personnage auquel il était le plus attaché, « peut-être le seul qui réussira à partir de Springfield[1] ».

Enfin, Maggie, un an et aucun mot à son actif[2], réussit pourtant à communiquer avec sa tétine, qu'elle ne quitte jamais. Souvent égarée par la famille (Homer, parfois, en oublie même l'existence), elle a été scannée par le lecteur optique à la caisse du supermarché de Springfield à la valeur de 847,63 dollars.

En conclusion, nous avons affaire à l'archétype de la famille unie. En bien comme en mal. Les Simpson sont une « famille nucléaire », aussi dans le sens scientifique du terme, comme nous le verrons dans le chapitre 1.

1. Interview diffusée sur la Fox le 6 avril 1999.
2. En réalité, à la fin de l'épisode de Jeff Martin « Le premier mot de Lisa », 3 décembre 1992 (9F08), alors qu'elle est seule dans sa chambre, Maggie retire sa tétine et – attention : doublée par Liz Taylor ! – on l'entend enfin prononcer son premier mot : « Papa ».

Remerciements

L'idée de ce livre est née d'un mémoire que j'avais fait pour le mastère en communication des sciences de la Sissa (École internationale d'études supérieures). Mémoire que je n'aurais jamais pu écrire sans l'aide de Rosella Castelnuovo, ma directrice de recherche, qui est au moins aussi passionnée que moi par la science et Les Simpson. *C'est donc à elle que j'adresse mes premiers remerciements. Mais le chemin est long pour passer d'un mémoire à un livre, je n'y serais pas arrivé seul. Que cela ait été rendu possible, le mérite en revient à Martha Fabbri, directrice des éditions Galápagos, qui m'a accompagné dans mon travail avec patience et créativité jusqu'à la dernière lettre. Elle fut la première lectrice de cet ouvrage, et c'est uniquement grâce à ses encouragements que je n'ai pas cédé à la tentation de la laisser devenir la seule et dernière lectrice du livre. Les amis qui m'ont tenu constamment au fait de tous les nouveaux articles ou services sur* Les Simpson *sont trop nombreux pour que je puisse les énumérer, je leur adresse à tous un grand merci. Et aussi à tous les bénévoles qui gèrent – par pure passion, je crois – le site www.snpp.com et sa version italienne, www.snipp.org : sans leur excellent travail, je n'aurais même pas pu commencer ce livre. Quant à Franci, que dire ? La télécommande a toujours été entre ses mains.*

INTRODUCTION

Quelles sciences trouve-t-on dans *Les Simpson* ?

Afin d'éviter toute équivoque, commençons tout de suite par un avertissement fondamental : si vous espérez réussir le prochain contrôle de physique en vous imposant vingt-quatre heures non-stop en compagnie d'Homer et Bart, eh bien, vous récolterez probablement une note au-dessous de la moyenne. De la même manière que si vous vous asseyez devant *Les Simpson* en vous attendant à regarder un documentaire sur le changement climatique, vous serez déçus. Les épisodes des *Simpson* ne sont pas des pilules de science recouvertes d'une capsule jaune et amusante, ni un « SuperQuark[1] » placé sous le signe de l'humour. Bien sûr, dans ce dessin animé, on trouve de nombreux « documentaires scientifiques » qui évoquent sur un ton parodique ceux qui passent à la télévision, et dont on peut même apprendre quelque chose, tout au moins parce qu'ils ont une étrange tendance à rester gravés dans la mémoire de manière indélébile, à la différence de beaucoup de vrais documentaires. Mais la série *Les Simpson* n'enseigne pas les sciences. Ou plutôt, elle n'enseigne pas le contenu des sciences, les notions de base de matières telles que les mathématiques, la chimie ou la biologie. Et

1. Émission TV scientifique populaire en Italie, du même type que « C'est pas sorcier » ou « E=M6 » en France (N.d.T.).

dans les cas, qui ne sont pas rares, où elle pourrait courir le risque de le faire, les scénaristes ont l'habileté d'accélérer le rythme des dialogues, jusqu'à les rendre presque inintelligibles, réduisant de ce fait pratiquement à zéro le danger que les téléspectateurs apprennent quoi que ce soit.

Prenons un exemple. Dans l'épisode « La comète de Bart[1] », à un certain moment, Skinner, le directeur de l'école fréquentée par Bart et Lisa, laisse échapper une imprécation : « Maudit soit celui qui a inventé l'hélium ! » s'exclame-t-il, les poings levés vers une montgolfière ornée d'un portrait caricatural à son effigie. « Maudit Pierre Jules César Janssen ! » Cette allusion comporte bien un risque : cet astronome français, bien qu'il n'ait pas « inventé » l'hélium (l'un des tout premiers éléments à s'être formés dans l'univers primordial, vous pensez), fut en effet celui qui le découvrit en 1868 en analysant les raies du spectre du Soleil. Mais le directeur Skinner n'a pas le temps de finir sa phrase que déjà l'attention se trouve détournée par beaucoup plus intéressant : l'initiateur du sabotage de la montgolfière, c'est-à-dire Bart. Et c'est ainsi que le nom de « Janssen », marmonné les dents serrées par Skinner, est archivé. Personne ou presque ne l'aura relevé (si ce n'est peut-être le groupe de maniaques qui regardent les épisodes au ralenti des dizaines de fois pour discuter ensuite des moindres détails sur des forums ou des sites ultraspécialisés[2], et auxquels j'adresse toute ma sympathie, car sans leur précieuse contribution ce livre n'existerait sûrement pas). Il s'en est fallu de peu, mais cette fois encore, personne ne pourra qualifier *Les Simpson* de dessin animé didactique.

1. John Swartzwelder, « La comète de Bart », 5 février 1995 (2F11).
2. Parmi lesquels le plus impressionnant est sans aucun doute www.simpsonsmath.com, conçu par Sarah Greenwald et Andrew Nestlerdove : des centaines de références, plus ou moins directes, aux mathématiques présentes dans la série y sont rassemblées et commentées. Un *must* pour tout étudiant ou professeur de mathématiques passionné des *Simpson*.

Des mathématiques... en toute insouciance

Les scénaristes de la série adorent courir ce genre de risques. En particulier en ce qui concerne les références aux mathématiques, que les auteurs éparpillent dans les lieux et circonstances les plus improbables, mais qu'ils laissent toujours au second plan, en recourant à des techniques proches du message subliminal, comme celle que l'on vient de décrire. Et il ne s'agit pas d'arithmétique telle qu'on l'étudie à l'école primaire.

Dans le très conceptuel « Homer^3 », un des *sub-plots*[1] de l'épisode « Spécial Halloween #6[2] », est mis en scène le passage d'Homer du monde bidimensionnel des dessins animés à un espace cartésien virtuel en 3D. À un moment, on aperçoit, l'espace de quelques instants, en semi-transparence et sans le moindre commentaire, les formules suivantes : $1+1=2$ (jusque-là, ça va...), P = NP (celle-ci est déjà plus complexe, puisqu'elle fait référence à une classe de problèmes de l'algèbre commutative), puis enfin, parmi tant d'autres : $1782^{12}+1841^{12}=1922^{12}$.

Cela dure à peine quelques photogrammes, car l'attention des spectateurs est subitement détournée par une réplique perfide de Selma[3] ; au moment où Homer se perd dans l'univers en 3D, se demandant quel est ce lieu étrange où il n'a jamais mis les pieds, elle rétorque sur un ton caustique : « La douche ! ».

Pourtant, la dernière égalité citée mériterait que l'on s'y attarde plus longuement. Si elle se trouvait vraie, elle invaliderait, ni plus ni moins, le légendaire grand théorème de Fermat, selon lequel il n'existe pas de solutions entières positives à l'équation $a^n + b^n = c^n$ pour des valeurs de n supérieures à 2. Mais comment en est-on arrivé là ? Est-ce un hasard, une coïncidence ? Il semblerait justement que non. Et ce pour au moins deux raisons.

1. Sous-intrigue.
2. David X. Cohen, « Spécial Halloween #6 », 29 octobre 1995 (3F04).
3. Selma Bouvier est une des deux mémorables sœurs de Marge, l'autre s'appelle Patty. Ces jumelles sont des fumeuses invétérées et cyniques au possible, elles font sûrement partie des personnages les plus réussis de toute la galerie simpsonienne.

Tout d'abord, il faut savoir que la démonstration du grand théorème de Fermat, après avoir fait plancher des générations de mathématiciens pendant plus de trois siècles, avait enfin été publiée, à grands renforts médiatiques, seulement quelques mois avant la diffusion de cet épisode[1]. Mais le plus extraordinaire est que lorsqu'on essaye de vérifier à l'aide d'une calculatrice la troisième égalité qui apparaît dans le dessin animé, elle se révèle juste ! Comment cela est-il possible, étant donné que le théorème de Fermat a été démontré ? Il y a deux hypothèses : soit les plus grands mathématiciens du monde, y compris Fermat, ont tort, soit l'égalité des *Simpson* comporte une erreur. En réalité, l'erreur vient de notre calculatrice. Il suffit d'en utiliser une avec un écran à plus de dix chiffres significatifs pour se rendre compte que l'égalité rencontrée par Homer ne fonctionne pas : c'est l'approximation qui la faisait sembler juste.

En tout cas, l'hypothèse improbable que cette égalité serait apparue ici par pure coïncidence peut maintenant être définitivement écartée. En effet, derrière cette série de photogrammes se cache la patte du scénariste David Cohen, titulaire d'un diplôme de physique à Harvard et d'un master d'informatique théorique à Berkeley. En vue de la réalisation de cet épisode, Cohen a justement créé un logiciel capable de trouver les *solutions approximatives* du théorème de Fermat.

Mais l'histoire ne s'arrête pas là, il y a mieux encore. Ou pire, si vous préférez. Plusieurs fans de la série (férus de mathématiques) ont fait remarquer aux auteurs qu'ils avaient tout de suite compris que l'égalité algébrique était fausse, étant donné que le premier membre est impair tandis que le deuxième est pair. Mais les auteurs ont pris leur revanche, dès que l'occasion s'en est présentée. Dans « La dernière invention d'Homer[2] », Homer, des lunettes au bout du nez, est occupé à écrire au tableau cette autre égalité : $3987^{12} + 4365^{12} = 4472^{12}$.

1. C'est le mathématicien anglais Andrew Wiles qui a démontré ce théorème coriace en 1994.
2. John Swartzwelder, « La dernière invention d'Homer », 20 septembre 1998 (5F21).

L'astuce est toujours la même. Mais cette fois-ci pour la dévoiler, il faudra forcément une bonne calculatrice, vu que les deux membres sont impairs.

Cependant, cette flopée de *solutions approximatives* en révèle bien davantage. Tout d'abord, on s'aperçoit qu'il y a, aussi bien parmi les scénaristes que parmi les spectateurs des *Simpson*, des personnes dotées d'une grande culture scientifique, et sur ce point nous reviendrons plus tard. Mais on remarque aussi que *Les Simpson* est un dessin animé suffisamment complexe pour être abordé à différents niveaux d'interprétation. Il n'est pas nécessaire de saisir la pertinence de l'allusion à la *topologie hyperbolique* faite par le professeur Frink dans « Homer[3] » pour se délecter des péripéties du même Homer, englouti par un trou noir dans l'Univers en trois dimensions. De la même manière qu'il n'est certainement pas requis de connaître le grand théorème de Fermat pour apprécier un épisode aussi drôle que « La dernière invention d'Homer ». Toutefois, pour celui qui le connaît et qui a l'œil assez vif pour comprendre ce qui est écrit au tableau, la jubilation s'élève à la puissance douze, tout comme les termes de l'égalité.

Enfin, et c'est peut-être là l'idée clé des références à la culture scientifique dans *Les Simpson*, il y a cette totale désinvolture avec laquelle elles sont amenées. Un dessin animé plus naïf et de moins bonne qualité n'aurait rien trouvé d'inconvenant au fait de s'interroger sur un banal $E = mc^2$ plutôt que sur le théorème de Fermat. En revanche, dans cette série, une référence réservée aux connaisseurs va passer en moins d'une seconde, même si le logiciel de Cohen a vraisemblablement demandé des heures de programmation.

Quand dans *Les Simpson* il est aussi fait allusion à l'illustre équation einsteinienne, c'est avec nonchalance, et avec une ironie si fine qu'on en reste baba. La lourde tâche en est confiée à la petite Maggie, la fillette d'un an, qui ne sait pas encore parler. Et cela se passe au début d'un épisode qui n'est pas fortuit, bien au contraire, puisque son titre en dit long : « Bart le génie[1] ».

1. John Vitti, « Bart le génie », 14 janvier 1990 (7G02).

Tandis que les autres membres de la famille sont occupés à se défier au Scrabble, sur le sol on voit Maggie jouer toute seule avec un alphabet constitué de lettres en forme de cube. Sans réfléchir plus que cela, elle se met à les empiler les unes sur les autres : d'abord un U, puis un Q, un S, un C, un M et enfin un E. À peine fini, la fillette fait ce que ferait n'importe quel enfant de son âge : ayant perdu patience, elle envoie valser de la main la construction. Et avec elle, l'équation la plus célèbre de l'histoire : EMCSQU, autrement dit $E = mc^2$. Encore une coïncidence ?

Des savants à deux dimensions

De la même manière que dans « Homer[3] » nous assistons à l'intrusion d'Homer dans notre réalité tridimensionnelle, il peut se produire le passage inverse : quand des savants font leur entrée dans le casting de la série animée. On ne parle pas ici du personnage fictif du professeur Frink, une caricature en blouse blanche qui incarne les stéréotypes du chercheur, aussi doué dans ses domaines de compétence qu'inadapté à la vie en société (au point de proposer à une collègue, après avoir ingurgité un aphrodisiaque, d'aller « faire des folies dans la salle des cyclotrons[1] »). Mais on parle, au contraire, de véritables savants qui se sont faufilés dans le dessin animé. Qu'est-ce que ça veut dire ?

Il faut savoir que l'un des plus singuliers phénomènes dans *Les Simpson*, depuis la première saison, est celui de la *guest star* : des célébrités qui apparaissent sous la forme de personnages de dessin animé dans la série. On en retrouve dans presque chaque épisode, et il s'agit d'invités de marque. Pour la plupart issus du monde du spectacle et de la musique, tels que les Red Hot Chili Peppers, U2, Glenn Close, Liz Taylor, Larry King ou Dustin Hoffman. Mais aussi d'autres domaines : ainsi, on peut voir Homer disputer une partie de tennis avec André Agassi, ou Ronaldo jouer au football avec Lisa.

1. Bill Oakley et Josh Weinstein, « La potion magique », 4 décembre 1994 (2F07).

Dans un épisode apparaît même l'ex-Premier ministre anglais Tony Blair, que Marge appelle amicalement « Tony ».

La participation des *guest stars* ne se limite pas à l'insertion de leur doublure animée dans l'intrigue. Visuellement ce sont bien des animations, mais c'est leur véritable voix qu'on entend (dans la version originale en anglais, évidemment). Autrement dit, celui qui fait le doublage de Tony Blair n'est autre que l'ex-Premier ministre anglais en personne.

Parmi ces *guest stars* qui ont prêté leur personnage et leur voix aux *Simpson*, à côté des chanteurs, des acteurs, des sportifs et politiques, on trouve aussi quelques scientifiques. Trois, pour être exact.

L'un d'eux est le prix Nobel de chimie Dudley Hershbach, qui, dix-sept ans après avoir reçu cette prestigieuse reconnaissance (en 1986, pour ses recherches sur la dynamique des processus chimiques élémentaires), est apparu dans un épisode de la série afin de remettre à son tour un Nobel au professeur Frink[1]. Une médaille qui pourrait lui assurer une plus grande notoriété que le Nobel lui-même. « Dans mon curriculum, la chose qui frappe le plus les gens semble être mon apparition dans *Les Simpson*[2] ! », a-t-il en effet déclaré, un peu perplexe, sur ABC News.

Quant aux deux autres scientifiques apparus dans la série, leur célébrité est telle, même pour le grand public, qu'ils n'ont pas à craindre de voir leur carrière éclipsée par quelques minutes passées dans la ville imaginaire de Springfield. L'un est le grand paléontologue Stephen Jay Gould, qui joua une version désacralisante au possible de lui-même dans un épisode en 1997, cinq ans avant sa disparition. L'autre est l'astrophysicien le plus célèbre du monde, Stephen Hawking, qui est d'ailleurs un fan inconditionnel de la série, qu'il a qualifiée de meilleur programme jamais diffusé à la télévision[3].

1. John Swartzwelder, « Simpson Horror Show XIV », 2 novembre 2003 (EABF21).
2. Ashley Phillips, « Science and *The Simpsons* : A Match Made in Springfield », ABC News, 26 juillet 2007.
3. Lawrie Mifflin, « Homer Meets doctor Hawking », *The New York Times*, 12 mai 1999. Voir aussi R.P. Crease, « Science and The Simpsons », *Physic World*, janvier 2001.

Mais nous aurons diverses occasions de nous arrêter sur ces deux épisodes au cours du livre, car il s'agit aussi de moments clés pour comprendre le rôle que joue la science dans ce dessin animé.

Des auteurs volés aux laboratoires

Il existe encore une dernière catégorie de « savants » dont on peut noter la présence envahissante dans la série : les auteurs eux-mêmes. *Les Simpson* est une création de Matt Groening, qui réalise avec génie des bandes dessinées depuis son adolescence, mais qui, certes, n'est pas un véritable « savant ». Les personnages de la série sont inspirés en grande partie de la vie de Groening, de sa famille et de son enfance à Portland, dans l'Oregon. Cependant, comme c'est souvent le cas pour des productions dont le succès va de pair avec la longévité, un très grand nombre d'autres auteurs ont participé à l'élaboration du scénario des quatre cents épisodes produits jusqu'aujourd'hui. Une centaine, bien que beaucoup d'entre eux se soient limités à un seul épisode. En tout cas, c'est une communauté d'auteurs particulièrement hétérogène, et elle possède une caractéristique assez insolite : parmi les plus prolifiques de ces auteurs, un nombre significativement élevé sont de formation scientifique. Comme l'a déclaré David Cohen dans une interview[1], il est vraiment rare de trouver un tel vivier d'hommes de science (c'est ainsi qu'il se définit) dans l'industrie télévisuelle.

Il vaut la peine de s'attarder un peu sur le CV et les publications de certains scénaristes, car cela peut en partie expliquer la présence fréquente de références scientifiques dans la série.

J. Stewart Burns, auteur de six épisodes, parmi lesquels « Le vrai descendant du singe » (parodie cinglante du créationnisme, dont nous parlerons plus loin), a été diplômé de mathématiques à Harvard en 1992, avec un mémoire sur l'algèbre des groupes. Il a obtenu un master dans la même matière à Berkeley l'année suivante.

---

1. Entretien publié sur fourwheeldrive.com le 29 janvier 2002.

David X. Cohen (dont nous avons déjà évoqué le parcours : diplômé d'Harvard en 1986 en physique, puis quatre années plus tard à Berkeley en informatique théorique) a publié avec Manuel Blum, dans la revue *Discrete Applied Mathematics,* un article intitulé « On the Problem of Sorting Burnt Pancakes » (« Sur le problème de la sélection des crêpes brûlées », rien que ça). Fils de deux biologistes, il a longtemps voulu jouer au savant à son tour. Il a signé treize des épisodes les plus drôles de la série, parmi lesquels deux chefs-d'œuvre : « Lisa la végétarienne » et « Les Ailes du délire ».

Al Jean, qui a signé dix-sept épisodes, est diplômé d'Harvard en mathématiques (1981).

Ken Keeler, sept épisodes à son actif, a obtenu son diplôme de mathématiques appliquées avec les félicitations du jury en 1983, à Harvard. Il a continué en doctorat, avec une thèse sur la représentation des cartes et sur l'optimisation de méthodes de codification pour la segmentation des images. Avec un autre auteur de la série, Jeff Westbrook, il a publié un article intitulé « Short Encodings of Planar Graphs and Maps » dans la revue *Discrete Applied Mathematics.*

George Meyer, qui, outre le fait d'avoir écrit douze épisodes et d'être l'un des producteurs exécutifs de la série, a été nommé par le *New Yorker* « l'homme le plus drôle à l'origine de la série la plus drôle de l'histoire de la télévision[1] », a décroché un diplôme de biochimie à Harvard en 1978.

Bill Odenkirk a un doctorat en chimie inorganique, obtenu en 1995 à l'université de Chicago, et est l'auteur de quatre épisodes.

Matt Warburton, sept épisodes, est diplômé d'Harvard en neurosciences (2000).

Jeff Westbrook, trois épisodes, après un diplôme de physique et histoire des sciences à Harvard, a passé un doctorat en informatique théorique à l'université de Princeton en 1989, avec une thèse sur les

1. David Owen, « Taking Humor Seriously – George Meyer, the funniest man behind the funniest show on TV », *The New Yorker*, 13 mars 2000.

algorithmes pour graphes dynamiques. Par la suite, il a été professeur associé au département Informatique de l'université de Yale, et a aussi travaillé dans les laboratoires de l'AT&T[1].

Bref, on pourrait sans exagération dire que *Les Simpson* est le produit des facultés scientifiques de la Ivy League, le groupement des universités privées les plus prestigieuses des États-Unis[2]. En effet, pour les revues scientifiques, au fur et à mesure qu'elles découvrent l'insolite affinité élective, c'est à qui accueillera le plus d'articles sur *Les Simpson* et d'interviews de ces auteurs volés aux laboratoires. De *Science News* à *Seed*, en passant par *Physics World* et *Science*, les articles consacrés à la série ne manquent pas. Même la revue *Nature* a accordé une grande place à l'interview d'Al Jean[3], que l'on peut consulter par l'intermédiaire du *podcasting*[4] ou dans la version papier.

Ces choses importantes que l'on n'a pas envie de savoir

Des allusions continuelles aux mathématiques avancées, de grands scientifiques en *guest stars* et des chercheurs parmi les scénaristes : en voilà déjà assez pour faire des *Simpson* la série la plus attentive aux sciences jamais produite. Pourtant, si tout se limitait à ça, la présence des sciences dans le dessin animé se réduirait à un simple divertissement : astucieux, fin et intelligent comme il faut, mais complètement insignifiant comparé à la grandeur et au potentiel de cette série qui est probablement (seul l'avenir nous le confirmera) la plus importante icône culturelle de notre époque. Le fait est que *Les Simpson* n'est pas un produit raffiné réservé à quelques amateurs, ces dizaines, centaines au maximum de milliers de spectateurs capables de comprendre les références mathématiques ou de citer

1. L'AT&T est le plus grand fournisseur de services téléphoniques et Internet des États-Unis. (N.d.T.)
2. Sans compter que c'est à Harvard que la majorité des autres scénaristes ont fait leurs études, sans que ce soit forcément dans des domaines scientifiques.
3. *Nature Podcast*, 26 juillet 2007 ; version papier : Brendan MAHER, « Mmm... Pi », *Nature*, 448, 2007, p. 404-405.
4. Ou baladodiffusion. (N.d.T.)

avec assurance les domaines de recherche de Hawking ou de Gould. *Les Simpson* est, certes, un produit raffiné, mais il s'adresse à des dizaines de millions de personnes dans le monde.

Cela bouleverse bien des priorités. En 2003, par exemple, la BBC lança un sondage sur le Net afin d'élire « le plus grand Américain de tous les temps ». Plus de 37 000 personnes y répondirent. Le résultat, si l'on pense au profil moyen des auditeurs de la BBC, est stupéfiant : à la première place, avec plus de 47 % des voix, Homer Simpson. Suivi, dans l'ordre, par Abraham Lincoln, Martin Luther King, Thomas Jefferson, George Washington et ainsi de suite, aucun de ces derniers n'a dépassé les 10 % des suffrages[1].

Que signifie tout cela ? Tout d'abord, que les personnages des *Simpson* ont pour vertu de marquer l'imaginaire collectif beaucoup plus que d'autres figures pourtant éminentes et publiques telles que Gould ou Hawking. En d'autres mots, si vous entrez sur Wikipedia le mot-clé « The Simpsons », vous verrez qu'il n'y est pas fait mention de Stephen Jay Gould ; en revanche, si vous cherchez à « Stephen Jay Gould », vous constaterez qu'on y fait, bien entendu, allusion à sa participation dans la série.

Les choses étant ainsi, si la présence des sciences dans la série était réellement réduite aux modalités énumérées jusqu'ici, elle serait, d'une part, superflue et démontrerait, d'autre part, que *Les Simpson*, en proposant sa parodie caustique et mimétique de la société, aurait fini par en ignorer, ou sous-estimer, un des aspects les plus importants : la science elle-même.

En réalité, la dimension scientifique qui envahit la série n'implique pas seulement une petite suite de gags comme ceux qui ont été évoqués plus haut, mais bien davantage. Il s'agit de la science telle qu'on l'entend dans notre vie quotidienne : écologie, génétique, biotechnologie, énergie, et tous les grands thèmes auxquels nous nous trouvons confrontés chaque jour.

1. Les données reproduites ici sont les résultats définitifs, disponibles *on line* sur le site de la BBC : http://news.bbc.co.uk/1/hi/programmes/wtwta/2997144.stm.

C'est de ce genre de sciences que nous traiterons dans les prochaines pages, en sautillant de part et d'autre de la frontière qui sépare l'univers jaune et bidimensionnel des *Simpson* de notre monde. Une science débridée, impure, qui s'allie, se heurte et se confond sans répit avec la politique, l'économie, la religion et l'éthique. Elle ressemble plus à la science que l'on rencontre dans les chroniques d'un quotidien qu'à celle qui se voit confinée dans le supplément hebdomadaire qui lui est consacré. C'est la science cueillie au moment même où elle fait irruption sur notre lieu de travail, dans nos relations familiales, à table à l'heure du dîner, quand on regarde la télévision. Il ne s'agit pas tant de la question énergétique dans son ensemble, du réchauffement climatique de la planète ou de la recherche médicale, mais plutôt de la panne d'électricité qui nous laisse dans le noir, du choix d'une jeune fille de devenir végétarienne, de sa rencontre, au cours d'un *sit-in* écologiste, avec un jeune leader dont elle tombe amoureuse, de l'angoisse de découvrir dans son propre ADN les signes d'une pathologie dégénérative. Les expériences en laboratoire ne manquent pas, mais pour la plupart c'est à l'école que cela se passe, pendant le cours de physique-chimie. La médecine aussi, que l'on retrouve dans *Les Simpson*, est telle qu'on l'appréhende dans la salle d'attente de notre médecin de famille. Bref, cette science-là, avec un *s* minuscule, avec laquelle nous devons compter tous les jours. Si la fréquence avec laquelle les sujets scientifiques reviennent dans la série peut étonner, ce n'est pas tant à cause de leur extraordinaire abondance que parce que les scénaristes montrent qu'ils disposent d'une perspective plus fidèle à la réalité que celle qui semble guider les rédactions de certains JT de chez nous. C'est triste à dire, mais c'est ainsi en Italie, où sciences et médecine sont presque toujours forcées de disputer quelques minutes de fin à la gastronomie, à la mode et aux potins, pour céder ensuite l'antenne au sport.

Mais la science peut aussi être « comme les bavards qui vous gâchent un film en vous racontant la fin », comme le dit à un moment Ned Flanders, l'adorable bigot de Springfield, qui ajoute :

« Moi je dis qu'il y a des choses qu'on a pas envie de savoir, des choses importantes[1] ! » Eh bien oui, la science des *Simpson*, c'est aussi cela : elle peut effrayer, elle peut mettre mal à l'aise. Non pas que le progrès en lui-même fasse peur aux habitants de Springfield, qui sont en général enthousiastes à l'idée d'accueillir un quelconque gadget technologique inutile qui soit en mesure d'assouvir leur consumérisme joyeux. Mais nombreux sont les personnages des *Simpson* qui se méfient de la raison qui rabaisse mythes et croyances, de l'intelligence qui exclut, du doute et de la curiosité. En un mot, de l'essence de la pensée scientifique, dont la défense est souvent entièrement confiée à la petite Lisa. Alors, n'ayez crainte : la science ne pourrait pas être en de meilleures mains ! S'il y a bien une personne déterminée à tout savoir sur toutes ces choses importantes, c'est bien Lisa. Et c'est peut-être justement dans la confrontation et dans les dialogues, souvent exaltés, entre Lisa et les autres personnages que *Les Simpson* réussit à montrer la science telle qu'elle apparaît de nos jours, dans ses représentations les plus ambiguës et les plus complexes, à l'aube de ce nouveau millénaire.

1. David X. Cohen, « Les ailes du délire », 23 novembre 1997 (5F05).

CHAPITRE 1

Une famille nucléaire

C'est très précisément à la sixième minute du premier épisode de la série que la science fait son apparition dans *Les Simpson*. Et ce n'est pas un début très sympathique. Le photogramme qui l'annonce représente une guirlande de Noël où il est écrit : « Joyeux Noël de la centrale nucléaire de Springfield ». On peut voir au fond le symbole universel et incomparable de l'énergie atomique (voire de la ville de Springfield elle-même, au moins pour les générations venues après le référendum sur le nucléaire) : deux imposantes tours de refroidissement avec, pour décoration, l'atome de Bohr. Mais ça n'est pas le fait de constater que Springfield est loin d'être une ville antinucléaire qui donne à la science un arrière-goût quelque peu désagréable, lors de sa première apparition dans la série. Le problème est bien plus dramatique. Il est annoncé par les haut-parleurs de la centrale tandis que Homer, employé comme chargé de la sécurité du secteur 7-G, termine le contrôle des capteurs avec une négligence imperturbable, pour ensuite se jeter avec avidité sur ses bien-aimés *donuts*. « Bonjour » clame M. Burns de sa voix de grenouille. Il est non seulement le Picsou de tous les Picsous de Springfield mais aussi le propriétaire de la centrale. « Je suis fier de vous annoncer que nous avons été en mesure d'accroître la sécurité ici à la centrale sans aucune augmentation de prix pour les abonnés, et sans toucher au salaire des cadres. Quoi qu'il en soit, pour vous les ouvriers à demi-qualifiés, il n'y aura pas la moindre prime de Noël. Encore une chose : joyeux Noël ! »

Pas de prime de Noël, d'accord. Mais cela n'a rien à voir avec la science des *Simpson*, allez-vous me dire. N'est-il pas un peu tiré par les cheveux de placer dans le domaine scientifique des sujets qui relèvent de l'économie, de la politique du travail et de la revendication syndicale plutôt que du monde des laboratoires ? En effet, il en est ainsi : la science telle qu'elle est représentée dans cet épisode et, d'une manière générale, dans toute la série est souillée, corrompue, impure. Et c'est le contact inévitable avec la réalité qui en est la cause. En particulier avec celle que l'on nomme *la réalité du marché*. Il est vrai qu'on peut parler de l'énergie nucléaire en faisant référence exclusivement à des entités telles que les isotopes de l'uranium ou les radiations. Comme il est vrai qu'une réaction nucléaire n'est gouvernée que par des paramètres physiques. Du moins, il en est ainsi en théorie. Mais au moment où l'on passe de la théorie et des simulations à l'amorce d'une réaction en chaîne pour produire de l'énergie, voilà que d'autres protagonistes entrent en scène : la sécurité, les déchets, les angoisses plus ou moins justifiées des citoyens. Et, en peu de temps, au bilan énergétique calculé par le physicien théoricien, s'ajoute le bilan économique dressé par le PDG, dans lequel parmi recettes et dépenses ne figurent pas seulement uranium et énergie, mais aussi – justement – des rubriques comme impôts et treizième mois.

Mais cette poignée de secondes dans le premier épisode des *Simpson* est-elle vraiment destinée à faire allusion à tout cela ? Ne pourrait-ce pas n'être qu'une simple réplique, lancée là par hasard, pour rire dans le dos d'Homer, de sa maladresse et de sa malchance ? Ça se pourrait, bien sûr. Si ce n'est qu'une situation analogue se présente à peine une minute après. Même si cette fois ça n'est pas le nucléaire qui est dénoncé comme corrompu, mais la médecine. Alors que Homer se console de la perte de sa prime en se rappelant que sa prévoyante épouse Marge a mis de côté un petit pécule suffisant pour acheter quelques cadeaux à déposer sous le sapin, on passe à une autre scène. Dans une clinique privée de dermatologie, le reste de la famille Simpson attend pour savoir s'il est possible d'effacer le tatouage permanent (en forme de cœur, avec l'inscription MOTH[1]) que Bart vient de se faire graver sur l'avant-bras, en se faisant passer pour un garçon de vingt et un ans. « Oui, madame Simpson, nous pouvons faire disparaître ce tatouage. C'est une opération banale qui fait appel au laser », explique le dermatologue. « Néanmoins, sachez que c'est relativement coûteux et que j'exige le paiement immédiat en espèces », s'empresse-t-il d'ajouter.

Dans *Les Simpson*, on a la mémoire longue, et il y a de la cohérence intérieure à revendre. Les tatouages permanents ne disparaissent pas comme par magie d'un épisode à l'autre. Et s'ils sont effectivement effacés, c'est à l'aide du laser, exactement comme dans la réalité. Et le laser a un coût. En résumé, si vous vous attendiez à voir des médecins altruistes, vous voilà prévenus : ça n'est pas le bon dessin animé. Enfin, comme il est facile de le deviner, le montant de l'intervention est tel que toutes les économies de Marge y passent, jusqu'au dernier centime.

En définitive, en l'espace d'une minute à peine, la science sous son jour le plus dur, où les nobles traits du progrès ont tendance à laisser place au rictus sans pitié de Wall Street, a réussi à gâcher le Noël de la famille Simpson. Pas mal, comme première approche ! Et ça n'est que le début.

Donnez-nous aujourd'hui notre nucléaire quotidien

Afin de comprendre le rapport d'amour-haine qui lie la centrale nucléaire de M. Burns aux habitants de Springfield, il faut avant tout

1. À l'honneur de Bart, il faut préciser que le tatouage aurait dû être MOTHER (« maman »). Cependant, Marge a surpris son fils alors que l'intervention esthétique n'était pas finie, au moment où le tatoueur en était à la lettre H. Et si *moth*, en anglais, signifie « phalène » ou « papillon de nuit », il peut aussi vouloir dire « prostituée ».

avoir présent à l'esprit qu'elle est le véritable poumon de la ville. Tout d'abord sur le plan productif, c'est un binôme inséparable, car il n'y a aucun doute sur le fait que l'économie entière de Springfield tourne autour de la centrale. Mais aussi et surtout sur le plan symbolique, car il y a une véritable identification entre la ville et la centrale. À l'intérieur de la fiction, et même au-delà. L'équipe de base-ball de la ville, par exemple, est sponsorisée par M. Burns, et elle se nomme « Les Isotopes de Springfield », avec une référence évidente aux isotopes de l'uranium 235 et du plutonium 239, combustibles nucléaires par excellence. Et ça n'est certainement pas un hasard si la source la plus complète et précise sur *Les Simpson* disponible sur Internet – l'irremplaçable *The Simpsons Archive* – a pour adresse www.snpp.com, quand « snpp » est le sigle de *Springfield Nuclear Power Plant*, « la centrale nucléaire de Springfield ».

Les habitants lui sont pour la plupart reconnaissants, parfois même dévoués, Homer le premier. Voici la prière qu'il prononce pour Thanksgiving, devant l'immanquable dinde rôtie, toute la famille réunie autour de la table, encore en pleine crise familiale :

> Seigneur, on vous est surtout reconnaissant pour l'énergie nucléaire, la plus sûre et la plus propre de toutes les sources d'énergie, mis à part l'énergie solaire, mais ça, c'est du pipeau[1].

Malheureusement, la faim l'emporte sur la spiritualité, faisant cesser brusquement ce curieux échange avec le Tout-Puissant, prononcé en un souffle. Cependant, en repassant la bande, on trouve en abondance de quoi méditer. Tout d'abord, on se demande de quel genre est ce dessin animé où les personnages, qui ont beau avoir des soucis jusqu'à ras le cou, ne perdent pas l'occasion de la traditionnelle prière à table pour se laisser aller à une digression avec Dieu sur les politiques énergétiques. Le sarcasme semble évident, c'est sûr. Mais il y a là quelque chose en plus. Les auteurs de l'épisode font preuve d'une maîtrise de la question qui va bien plus loin que

1. George Martin, « La fugue de Bart », 22 novembre 1990 (7F07).

les simples attentes d'un scénario de dessin animé : les arguments dont Homer se fait le porte-parole, c'est-à-dire la sécurité et le faible impact du nucléaire sur l'environnement, l'utopie d'une diffusion rapide et étendue de l'énergie solaire, sont exactement les mêmes que ceux employés par les experts et les politiques en faveur du nucléaire. Ceux que nous entendons de plus en plus souvent aussi chez nous en Europe, au fur et à mesure que les souvenirs de la catastrophe de Tchernobyl se font plus pâles et les menaces de panne générale d'électricité et de réchauffement planétaire plus fréquentes. Comme nous l'avons déjà observé, un des traits les plus caractéristiques de la manière dont la science est représentée dans la série est cette incroyable désinvolture, qui frôle presque le gaspillage, avec laquelle les scénarios des *Simpson* compriment en quelques secondes une somme considérable de connaissances et de références, jusqu'à les réduire en bouillie, en une litanie sans aucun sens, à des répliques qui passent presque inaperçues de par leur rapidité fulgurante.

Selma, une des deux belles-sœurs d'Homer, ne se laisse pas impressionner par le talent oratoire du chef de famille : « De pire en pire, ses prières », déclare-t-elle, sur un ton péremptoire. Mais Homer n'est pas homme à se laisser démonter par un jugement négatif. Voici un autre bénédicité mémorable, prononcé quelques épisodes plus tôt, au cours de la même saison :

> Et merci par-dessus tout pour l'énergie nucléaire, qui n'a pas officiellement provoqué de catastrophe. En tout cas dans notre pays... Amen[1].

Cette fois-ci, c'est à Marge qu'est confié le soin de faire un commentaire, et il est alors beaucoup plus flatteur : « Ça, c'est joliment dit, Homer ! » Il faut admettre que son mari est bien informé : de toute l'histoire nucléaire des États-Unis, qui est pourtant longue, il n'y a jamais eu une seule victime. Enfin, aucune victime *officielle*, comme s'empresse de le préciser Homer. Selon un rapport du Cancer National Institute, on estime que rien que suite aux centaines d'essais

1. Jeff Martin, « Fluctuat Homergitur », 21 février 1991 (7F16).

nucléaires effectués, pour la plupart dans les années cinquante, sur le célèbre Nevada Test Site, ont été émises suffisamment de radiations pour provoquer, au cours des années suivantes, de 10 000 à 75 000 cas de cancer de la thyroïde[1].

En tout cas, le seul grave incident nucléaire américain, qui est survenu le 28 mars 1979 suite à la fusion partielle d'un des deux réacteurs de la centrale de Three Mile Island, en Pennsylvanie, n'a pas causé de victimes. Et, malgré d'innombrables incidents, on aurait pu affirmer la même chose à propos de la centrale nucléaire de Springfield, du moins jusqu'au 9 décembre 2001 : l'épisode « La vieille peur d'Homer[2] » y est diffusé pour la première fois aux USA. On y découvre que la centrale de M. Burns a été au moins une fois le théâtre d'un incident mortel, de nombreuses années auparavant, et que c'est le père de Waylon Smithers (le lèche-bottes de Burns) qui y a laissé sa peau, lors d'une intervention héroïque pour remédier à une panne à la centrale.

L'énergie qui vous sourit !

Si l'on met de côté les quelques tragédies qui ont été évitées, il n'en reste pas moins difficile d'expliquer l'enthousiasme naïf des habitants de Springfield pour le nucléaire. Une des raisons se trouve peut-être dans le troisième épisode de la série, « Un atome de bon sens[3] ». L'épisode commence par la classe de Bart en visite scolaire à la centrale nucléaire. Comme prélude à la visite des installations, Smithers, pour l'occasion en blouse blanche, montre aux élèves un documentaire sur « le pouvoir de l'atome qui nous sert à produire l'énergie nécessaire au fonctionnement de tous nos appareils, qu'il s'agisse de jeux vidéo ou de machines à faire de la barbe-à-papa ». Le

1. National Cancer Institute, « Study Estimating Thyroid Doses of I-131 Received by Americans From Nevada Atmospheric Nuclear Bomb Test », octobre 1997.
2. « La vieille peur d'Homer », 9 décembre 2001 (CABF21).
3. Jay Kogen et Wallace Wolodarsky, « Un atome de bon sens », 21 janvier 1990 (7G03).

temps d'éteindre les lumières de la salle, et voilà que démarre le film au titre significatif : *L'énergie nucléaire, notre amie incomprise*[1].

« Quand la plupart des gens pensent à l'énergie nucléaire, ils pensent à ceci... », commente la voix off tandis que sont projetées sur l'écran des images menaçantes d'explosions avec champignon atomique. « Or quand nous, nous parlons d'énergie nucléaire, nous pensons plutôt à cela. » C'est là qu'apparaît un petit portrait de famille idyllique, typique des années cinquante : la mère avec l'aspirateur, le père devant un ventilateur, la fille qui écoute la chaîne stéréo et le petit garçon qui regarde la télévision tout en jouant avec un train électrique, tous avec un grand sourire aux lèvres. « Mais qu'est-ce que c'est exactement, l'énergie nucléaire ? », poursuit la narratrice. « Je ne sais pas. Mais je connais quelqu'un qui, lui, le sait. Le malicieux Joe Neutron. »

À ce moment-là, pour la joie de tous les écoliers, le charismatique Joe Neutron en personne entre en scène. C'est un personnage vif et espiègle, coiffé d'un immense chapeau de cow-boy sur un corps en forme d'atome de Bohr. « Salut à tous, joyeux consommateurs d'énergie. On m'appelle le malicieux Joe Neutron. Je suis votre guide atomique dans l'étrange et fascinant univers du pouvoir nucléaire », s'exclame-t-il, et son arrivée fracassante est suivie d'une procession de personnages en forme de barres, ruisselants de sueur. « Je vous présente les sympathiques barres d'uranium 235. Salut Ranium, comment ça va ? », continue-t-il. « Eh, vous avez l'air chauds, les gars ! » « Évidemment qu'on est chauds. On est radioactifs ! », répondent les barres d'uranium. Et Joe Neutron : « Moi aussi. Qu'est-ce que vous diriez d'un plongeon dans la piscine ? » « Le premier dans l'eau gagne un voyage à Tchernobyl ! Ouais ! », exultent Ranium et ses camarades en se jetant dans la piscine, où l'eau qui entre en ébullition commence à mettre en mouvement les turbines qui génèrent de l'énergie.

1. À propos du titre de ce documentaire, il peut s'avérer utile de rappeler que la centrale nucléaire de Tchernobyl était affectueusement surnommée « L'ouvrier pacifiste ».

Quelques répliques échangées à un rythme endiablé, des personnages plus vifs que jamais. Il n'est alors pas étonnant de constater (d'après une enquête réalisée en 2004 par le Science Museum de Londres à l'occasion de l'exposition *Energy : Fuelling the Future*) que les élèves, bien que mal informés question charbon et autres énergies fossiles, soient bizarrement calés en matière d'énergie nucléaire. Et ce justement grâce à leur fréquentation assidue des *Simpson*[1].

Mais revenons à nos écoliers de Springfield et aux merveilles du nucléaire. À ce stade du documentaire, si l'on voulait être vraiment objectif, il ne resterait qu'un petit détail à affronter. Ceux qui, plus que les incidents et les coûts de réalisation, ne cessent de troubler le sommeil et de briser les rêves des auteurs de projets et des hommes politiques pronucléaires : les déchets. Et effectivement, voilà qu'ils font une apparition ponctuelle sous la forme de petites bêtes bleues impertinentes. « Oh, oups ! On dirait qu'on a laissé traîner quelques déchets nucléaires », s'exclame Joe Neutron amusé. « Pas de problème, je n'ai qu'à les mettre là où personne ne les trouvera avant un million d'années. » Un laps de temps qui n'est pas choisi au hasard, ce million d'années, quand on sait que le neptunium 237, par exemple, souvent présent parmi les déchets nucléaires, reste radioactif pendant plus de deux millions d'années. Cependant, ça ne pose aucun problème à notre Joe Neutron. Après s'en être débarrassé avec élégance, en les poussant sous un tapis avec une pelle, il peut enfin en venir à la conclusion : « Voilà. Maintenant, vous savez toute la vérité sur l'histoire de l'énergie nucléaire, cette amie trop longtemps incomprise. À bientôt et gardez le sourire ! »

Et en Italie, ce beau pays dénucléarisé, à des années-lumière de la cruelle Springfield de M. Burns, peut-on garder le sourire ? L'épisode contenant le documentaire du malicieux Joe Neutron fut diffusé pour la première fois aux États-Unis le 21 janvier 1990. Moins d'un an plus tard, le 14 décembre, le *Jolly Rosso* (connu sous le nom

1. Louise Jury, « Homer Simpson's nuclear family helps children grasp science », *The Independent*, 16 juillet 2004. Leslie Viney, « Fuelling the Future », *The BP Magazine*, 1, 2005.

éloquent de « bateau empoisonné ») vint s'échouer dans des circonstances assez étranges sur la côte calabraise. Quatorze ans plus tard, en 2004, un reportage de Riccardo Bocca paru dans *L'Espresso* a établi un lien entre l'incident et une histoire déconcertante de dissimulation de déchets dangereux, et probablement radioactifs[1]. Où étaient-ils dissimulés ? Sous notre tapis préféré, là où personne ne les trouvera avant un bon million d'années : dans la mer.

Une vie dangereuse au secteur 7-G

Si ce qui préoccupe principalement les experts est le problème de l'élimination des déchets, pour le grand public, le spectre du nucléaire, c'est avant tout les incidents de réacteurs et les fuites radioactives qui s'ensuivent. Et c'est une angoisse qui est devenue concrète, du moins dans l'imaginaire européen, à une heure vingt-trois le 26 avril 1986, avec l'explosion du réacteur n° 4 de la centrale nucléaire de Tchernobyl, en Ukraine. Depuis lors, ou plutôt depuis le jour suivant (car les autorités soviétiques se sont bien gardées de révéler la catastrophe, en délégant l'honneur d'annoncer la nouvelle au nuage radioactif lui-même qui, en se déplaçant vers l'ouest, laissait derrière lui un sillage de compteurs Geiger affolés), il n'est plus possible de parler de l'énergie nucléaire sans que ressurgissent des souvenirs inquiétants de champignons, de laitages et de produits agricoles laissés à pourrir car potentiellement contaminés.

Pour les habitants de Springfield, incidents nucléaires et risques de contamination sont si souvent à l'ordre du jour qu'ils en deviennent presque une habitude. À tel point qu'une barre de plutonium, entourée d'un halo vert lumineux peu rassurant, fait partie des quelques gags constants du générique d'ouverture de la série. Ayant lancé la barre dans son dos par inadvertance, au son de la sirène annonçant la fin de son tour de travail, Homer la retrouve coincée sous son col de chemise, alors qu'il rentre chez lui en voiture. Agacé,

1. Riccardo Bocca, « Uranio Rosso », *L'Espresso*, 10 janvier 2005.

il la jette par la vitre, en la faisant dangereusement tournoyer en direction d'une bouche d'égout, tout en manquant de heurter Bart de plein fouet. Ainsi, le risque d'incident à la centrale ou au moins de contamination est présent à chaque début d'épisode.

Mais pour quelle raison frise-t-on si souvent la catastrophe à la centrale de M. Burns ? On trouve des points communs considérables avec ce qui a provoqué les plus graves incidents survenus dans la réalité, tels que ceux de Three Mile Island et de Tchernobyl : à leur origine, il y a toujours un mélange fatal d'entretien médiocre et d'erreurs humaines. Et à propos de ces dernières, à la Springfield Nuclear Power Plant, l'incompétence du personnel occupe de manière évidente une place de choix, en premier lieu parce que l'inspecteur de la sécurité est justement Homer : la quintessence de ce qu'un employé de centrale nucléaire ne devrait surtout *pas* être.

Dans un essai sur l'option nucléaire, le professeur Bernard Cohen de l'université de Pittsburgh, un des plus grands analystes au monde de Tchernobyl, décrit de la manière suivante les violations du règlement et, plus généralement, les conditions de travail qui ont contribué à la catastrophe :

> Des ingénieurs qui trichent aux examens ou qui s'endorment sur leur lieu de travail, qui ne prennent pas le soin de présenter un rapport ponctuel sur les anomalies mineures, qui n'effectuent pas les vérifications requises[1].

Il n'y aurait pas de mots plus adaptés si l'on voulait faire le portrait d'Homer Simpson au travail. Chaque fois qu'on a l'occasion de le surprendre au poste de contrôle du secteur 7-G, soit il est en train de dormir, soit de manger. Par exemple, au début de l'épisode « Une belle simpsonnerie[2] », il est en train de goûter le contenu d'une boîte de beignets fourrés, sans se rendre compte que de la confiture coule

1. Bernard Cohen, *The Nuclear Energy Option*, New York, Plenum Press, 1990.
2. Howard GERWITZ, « Une belle simpsonnerie », 17 octobre 1991 (8F04).

sur l'indicateur de surchauffe du réacteur. Quelques instants plus tard, Homer dort déjà profondément. Au bout d'un moment :

Voix : *[Au haut-parleur]* Attention ! Incident dans le secteur 7-G !
M. Burns : 7-G ? Seigneur, qui est le responsable de surveillance ?
Smithers : Euh... Homer Simpson.
M. Burns : Simpson, hein ? Un bon élément, intelligent ?
Smithers : Engagé dans le cadre de la loi sur l'embauche d'employés non qualifiés.
M. Burns : Merci, merci président Ford[1] !

Tout se précipite. Il ne reste que 5 minutes avant la « masse critique », informe le système d'alarme automatique, quand Homer rouvre les yeux : « La ma... quoi ? D'accord, d'accord. Pas de panique. Quel que soit le problème, je suis sûr que les autres vont s'en occuper. » Mais voilà que la chaleur fait fondre la confiture qui recouvrait l'indicateur de surchauffe, révélant à Homer la tragique vérité : « Hein ? Aaaah !!!! C'est *chez moi* le problème ! On est foutus ! » Le système informatisé, à cet instant, isole hermétiquement le secteur 7-G, empêchant ainsi toute intervention de l'extérieur.

Les scènes qui suivent constituent une illustration incisive de l'attitude qu'il ne faudrait pas adopter en cas de catastrophe nucléaire. À commencer par la soi-disant gestion de l'urgence, en particulier en ce qui concerne la communication avec la population. La télévision interrompt immédiatement le programme en cours pour passer un flash spécial en temps réel, le *Springfield Action News Bulletin*, avec un bulletin intitulé « La fusion du réacteur nucléaire, les deux premières minutes ». Le bulletin d'information est comme d'habitude présenté par l'irremplaçable Kent Brockman. Juste le temps de passer au maquillage, et on le retrouve à l'antenne, annonçant pour la énième fois qu'il s'est produit un incident très

1. Le programme « d'aide aux ouvriers non qualifiés » (dans la version originale : Project Bootstrap) n'existe que dans la série, mais de nombreuses mesures en faveur de l'éducation et de l'emploi des jeunes les plus défavorisés furent effectivement prises sous la présidence de Gerald Ford (1974-1977).

sérieux à la centrale nucléaire de Springfield, et qu'on a en ligne le propriétaire, Montgomery Burns. Lequel semble n'avoir rien à envier aux autorités soviétiques en matière de dissimulation des risques : « Ha, bonjour Kent. À l'instant où je vous parle, nos techniciens spécialisés corrigent tranquillement un petit, que dis-je, un minuscule dysfonctionnement. Je peux vous donner l'assurance, ainsi qu'à la population, que nous ne courons aucun danger, d'aucune sorte. Les choses ne pourraient pas mieux aller, ça roule ! » Et quand Brockman tente d'insinuer qu'une fusion du réacteur pourrait être en cours, la réplique est magistrale. Comme cela arrive souvent chez les responsables en cas de situation d'urgence dans la vie réelle, Burns se replie derrière une précision lexicale de spécialiste : « Fusion du réacteur… c'est encore un de ces mots à la mode. C'est fâcheux. Non, nous, nous préférons parler de surplus de fission non sollicité. » Quel sophisme de sa part !

Après avoir pris congé de M. Burns au téléphone, c'est au tour du professeur Frink d'entrer sur le plateau ; équipé d'un plan du lieu de la catastrophe et d'une baguette, il explique la situation avec un détachement scientifique. Ici aussi, malgré le sarcasme évident dont font preuve les scénaristes, les arguments du professeur sont fortement inspirés de la rhétorique à laquelle les scientifiques ont parfois recours dans les cas d'urgences environnementales ou sanitaires. « Les malheureux qui se trouvent ici seront tués instantanément. Dans ce cercle, où j'ai le regret de constater que nous nous trouvons, les gens connaîtront une mort lente, considérablement plus douloureuse. »

De cette manière, les téléspectateurs restent plongés dans le doute : entre l'alarmisme spectaculaire de l'annonce du scientifique et les propos soi-disant rassurants de Burns, la télévision leur a servi son lot d'incertitude pernicieuse. Il ne reste aux habitants de Springfield qu'à se laisser aller à la panique. La centrale devient le théâtre de scènes d'hystérie apocalyptique, de pillages, de prières en groupe, de rats qui s'enfuient et de rapprochements sexuels dans un placard.

À la fin, grâce à un providentiel « pique, nique, douille, c'est toi l'andouille », Homer réussit à trouver le bon bouton, devenant ainsi l'employé du mois. Cependant, *happy end* à part, l'idée que dans la réalité la gestion de l'urgence ne se ferait peut-être pas vraiment différemment laisse un arrière-goût un peu amer.

C'est pour remédier à de telles éventualités que les centrales nucléaires se sont dotées de règlements très sévères et d'organes de contrôle indépendants. Par exemple, aux États-Unis, il existe la Nuclear Regulatory Commission (Commission de réglementation du nucléaire), à qui l'on a confié, entre autres, la tâche d'effectuer des inspections surprises. Le domaine de juridiction de la Commission, bien sûr, s'étend aussi au monde de la fiction, comme on peut le voir au début de l'épisode « Homer va à la fac[1] », où des inspecteurs sonnent à la porte de la centrale de M. Burns (à l'heure de la sieste, par-dessus le marché, habitude qui concerne tout le monde, y compris le patron) pour tester la compétence des ouvriers à l'improviste. Après avoir cherché en vain à faire passer la centrale pour une usine de fabrication de biscuits, Burns se retrouve forcé de mettre tous ses employés à la disposition des inflexibles inspecteurs. Enfin, *presque* tous. Pour s'éviter des ennuis, la direction envoie une élite restreinte d'employés qui feraient à coup sûr rater l'examen, se cacher dans les sous-sols du bâtiment. Homer, faut-il le préciser, en fait partie ; mais par une suite d'imprévus rocambolesques, il finit quand même entre les griffes de la Commission.

Sa performance est désastreuse, au-delà même de ce à quoi on pouvait s'attendre. Cette fois, un dessous-de-table, aussi généreux soit-il, ne suffit pas à corrompre les inspecteurs. « Vous êtes dans de sales draps, Burns », menacent-ils. « Le travail de Simpson exige une formation universitaire en physique nucléaire. Alors, vous mettez votre homme à niveau, ou nous vous poursuivons en justice. » C'est ainsi qu'Homer se retrouve sur les bancs de la fac de Springfield à suivre un cours de principes de physique nucléaire, sans le moindre

1. Conan O'Brien, « Homer va à la fac », 14 octobre 1993 (1F02).

espoir de réussir l'examen de fin d'année. Et en effet, il échoue : « Oh non ! Je vais perdre mon boulot juste parce que je suis dangereusement sous-qualifié ! », se lamente-t-il devant cette soudaine injustice. Mais grâce à l'intervention de trois compagnons de classe, capables de pénétrer dans l'ordinateur central de l'université et de modifier le résultat au contrôle, Homer « obtient » un beau 20/20. À l'instar des « ingénieurs qui trichent aux examens » qu'évoquait le professeur Cohen.

Laisse les mutants tranquilles, Homer !

Si en Italie on a surtout ressenti l'impact concret de la catastrophe de Tchernobyl dans l'interdiction temporaire de consommer des légumes à feuilles larges, du lait frais, des champignons et quelques autres produits, pour les populations qui vivaient dans les proches alentours de la centrale les conséquences ont été beaucoup plus dévastatrices : des centaines de morts les jours ayant suivi l'explosion, plusieurs milliers au cours des années suivantes (selon les plus prudentes estimations, comme celles du Tchernobyl Forum de 2003[1]). Une chose étonna les chercheurs cependant, ce fut l'absence de mutations significatives de la faune, et en particulier chez les poissons, le groupe animal en théorie le plus exposé aux conséquences d'une contamination.

Dans *Les Simpson*, en revanche, c'est justement à un poisson mutant que revient le rôle-titre du plus célèbre épisode sur la contamination : dans le désormais classique « Sous le signe du poisson[2] ». Signé par l'un des auteurs les plus attentifs aux thématiques environnementales, John Swartzwelder[3], cet épisode démarre en trombe:

1. Sur Internet à l'adresse suivante : www.ns.iaea.org/meeting/rw-summaries/chernobyl_forum.htm.
2. John Swartzwelder et Sam Simon, « Sous le signe du poisson », 1er novembre 1990 (7F01).
3. Swartzwelder est l'auteur le plus prolifique de la série, il est aussi le seul de l'équipe à jouir du privilège de pouvoir travailler exclusivement chez lui.

on voit Bart et Lisa en train de pêcher dans un petit lac, quand ils sont rejoints par Dave Shutton, journaliste pour le *Quotidien du consommateur.*

Dave : Comment tu t'appelles, fiston ?
Bart : Bart Simpson. Et toi, t'es qui, mec ?
Dave Shutton : Je m'appelle Dave Shutton. Je suis journaliste. Je fourre mon nez un petit peu partout. Et je dois dire qu'à mon époque, on ne parlait pas comme ça à nos aînés.
Bart : Ben, c'est plus ton époque, et on parle comme ça, nous.

Au même moment, un poisson mord à l'hameçon du garçon. Bart et le journaliste remarquent alors quelque chose d'étrange chez l'animal : un œil en plus. En regardant alentour, le reporter se rend compte que les enfants pêchent juste à côté de la centrale, à l'endroit même où elle rejette son eau. Les jours qui suivent, les unes du *Daily Shopper* sont sans équivoque : « Mutation génétique au trou des pêcheurs. La centrale est-elle responsable ? » ; « Pêcher du poisson ou du poison. Comptez les yeux » ; ou encore « Le gouverneur demande une enquête sur la centrale ».

Bart est si fier de sa notoriété soudaine qu'il n'hésite pas à encourager son père à « laisser les mutants tranquilles ». Mais le scandale éclate et la centrale s'apprête à recevoir la visite de l'inspection. M. Burns s'adresse à ses employés : « Salut à vous, travailleurs anonymes ! Dans quelques instants, la commission d'enquête du gouvernement viendra visiter notre centrale. Alors, ayez l'air occupés et fermez votre clapet ! » Même scénario, menaces contre celui qui parlerait, et une inspection « surprise » classique avec préavis.

Malgré tout, les infractions se révèlent trop nombreuses. Dans l'ordre : une fissure colmatée avec du chewing-gum sur la tour de refroidissement, une barre de plutonium utilisée comme presse-papiers, le poste de surveillance laissé à l'abandon... Au total, 342 infractions, révèle l'inspecteur incorruptible. Il n'existe que deux alternatives : fermer la centrale ou bien dépenser une somme énorme pour la rendre conforme à la législation. Ou alors, beaucoup plus réalisable... changer la loi. Et voilà que M. Burns part à l'assaut du poste de gouverneur. Seul problème : l'immense impact médiatique qu'a eu la photo du « poisson à trois yeux », sujet brûlant qu'il faut neutraliser. Mais comment ? C'est pourtant évident : par une contre-offensive médiatique tout aussi efficace. Installons-nous donc confortablement sur le canapé des Simpson pour en suivre quelques extraits et en savourer la rhétorique. Les téléspectateurs n'en peuvent plus d'attendre le spot politique, sponsorisé par les Amis de Montgomery Burns. Même Marge est curieuse de voir comment Burns va réussir à faire oublier l'affreux poisson à trois yeux. Homer, en revanche, considère qu'il n'y a pas de quoi en faire un plat, avançant qu'avant que les journaux ne montent cette affaire en épingle, personne ne se demandait combien d'yeux pouvait avoir un poisson. C'est là que M. Burns fait son entrée spectaculaire. Avec dans un seau le poisson à trois yeux, rebaptisé pour l'occasion « mon petit copain Nœnœil », et épaulé par un personnage d'exception : Charles Darwin. Ou plutôt, comme Burns a la politesse de le signifier aux téléspectateurs, « un acteur qui campe Charles Darwin » :

> « **Darwin** » : Bonjour, monsieur Burns.
> **Burns :** Bonjour, Charles. Soyez gentil, expliquez à nos téléspectateurs votre théorie de la sélection naturelle.

« Darwin » ne se fait pas prier. Avec rapidité et efficacité, il présente l'essentiel de la théorie de l'évolution. Il explique à un Burns de plus en plus satisfait que le troisième œil, à l'instar de nombreuses autres mutations, pourrait aussi s'avérer être une amélioration, donnant naissance à une sorte de « super-poisson ». L'histoire d'une victoire dans la course effrénée à l'adaptation des espèces.

> « **Darwin** » : J'aurais envie d'avoir un troisième œil. Et vous ?
> **Burns :** Vous voyez mes amis, si nos adversaires, les antinucléaires et écologistes de tout poil, venaient par hasard à tomber sur un éléphant en train de s'ébattre dans les eaux proches de notre

> centrale, ils mettraient certainement son pauvre nez ridicule sur le compte de la vilaine énergie nucléaire. Non, la vérité c'est que ce poisson au goût exceptionnel est un miracle de la nature. Alors pour conclure, dites tout ce que vous voulez sur moi. Je suis en mesure d'encaisser les coups les plus rudes. Mais, je vous en prie, cessez de vous en prendre à ce pauvre Nœnœil sans défense. Bonsoir. Et Dieu vous garde.

Pour saisir la finesse de ce spot, il faut avoir à l'esprit l'imaginaire de la société nord-américaine contemporaine, notamment en ce qui concerne les campagnes électorales. Parmi les nombreux aspects dignes d'intérêt, on peut remarquer tout d'abord le très habile renversement de point de vue, grâce auquel M. Burns peut s'ériger en défenseur du pauvre poisson. Ce dernier se voit humanisé par un nom on ne peut plus astucieux, Nœnœil. Il n'est plus alors le représentant anonyme et menaçant d'une espèce mutante, mais un individu à part entière capable de susciter tendresse et sympathie chez le public (au détriment du sens critique, naturellement).

Cependant, c'est en ayant recours à une opinion qui fait loi que les scénaristes font un véritable coup de maître. Pour parler d'espèce, on convoque le meilleur expert : Charles Darwin, ou plutôt – et c'est là que le génie des scénaristes atteint son apogée – « un acteur qui campe le rôle de Charles Darwin ». « Bonjour Charles. Soyez gentil »... Voilà bien un spot qui peut se définir comme post-moderne sous tous les angles[1]. Tout est explicité le plus candidement possible : le spot électoral a été financé, on ne peut pas se fier à M. Burns, Charles Darwin est en réalité un comédien. Pourtant, l'efficacité des procédés employés ne s'en trouve pas diminuée, car le message qui restera gravé dans la mémoire des téléspectateurs sera sans nul doute « C'est (un certain) Charles Darwin qui l'a dit ». Au diable toutes les théories sur le *public understanding of science*

1. En ce qui concerne le post-modernisme, voir Jean-François Lyotard, *La Condition post-moderne*, Minuit, 1979 ; en particulier le chapitre 7 (« Pragmatique du savoir scientifique ») et le chapitre 8 (« La fonction narrative et la légitimation du savoir »).

(la « compréhension de la science par le public[1] ») ! Et en effet, le succès de ce spot est phénoménal.

Afin de mener à bien cette manipulation du public, les sondages suggèrent qu'il suffira de montrer que le candidat n'a pas perdu le contact avec l'homme ordinaire. L'équipe d'experts en communication qui travaille pour Burns lui organise donc un dîner dans une famille, qui sera retransmis en direct à la télévision. Les heureux élus sont les Simpson, considérés comme la famille ordinaire par excellence.

Chaque détail est planifié avec soin. La famille ne peut pas refuser ; s'ils n'obéissent pas, Homer perdra son poste à la centrale. On confie même à chacun quelques fiches indiquant les questions à poser à M. Burns pendant le repas. Mais la diabolique équipe organisatrice n'a pas pensé au menu. Marge, indignée, va profiter de cette faille pour reprendre la situation en mains, et avec brio. Alors que toutes les caméras de l'État filment Burns à table avec les Simpson, Marge apporte le plat principal : le poisson à trois yeux, cuit. Les conseillers en image sont pris au dépourvu. Comment réagir ? Il n'y a pas le choix : il faut que M. Burns goûte son Nœnœil. Mais c'en est trop pour lui. À l'instant où il recrache sa bouchée qui tombe au milieu des caméramans, le jugement est unanime, c'en est fini de lui : « Il a signé son arrêt de mort ! » Quand on sait s'en servir, les médias sont une arme qui ne pardonne pas.

Question communication, on ne peut pas faire pire

D'autre part, cet épisode met en scène une grande partie des concepts clés de l'œuvre de Peter Sandman, un des plus grands experts mondiaux en communication sur le risque[2].

1. Sur l'échec du *public understanding of science*, voir Nico Pitrelli « La crise du *Public Understanding of Science* en Grande-Bretagne », *Jcom*, 4, 2003. Ainsi que l'éditorial « From PUS to PEST », 298, 2002, p. 49.
2. Peter Sandman, « Risk communication : facing public outrage », *EPA Journal*, 13, 1987, p. 21-22 ; Peter Sandman, « Risk = Hazard + Outrage. Coping with controversy about utility risks », *Engineering News Record*, 4 octobre 1999, p. A19-23.

Selon Sandman, le risque perçu (*risk*) ne dépend qu'en partie de considérations objectives (*hazard*), ou bien de facteurs tels que la toxicité d'une substance, le temps d'exposition ou la probabilité qu'un incident se produise. L'autre élément est constitué de ce qu'il appelle *outrage*, c'est-à-dire de tous les aspects liés à des facteurs subjectifs : émotivité, esthétique, éthique individuelle et sociale. Par exemple, l'indignation de Marge est de cet ordre. Ce sont peut-être des aspects plus difficiles à quantifier, mais ils n'en sont pas moins importants au moment où le simple citoyen, ou la communauté, doit décider jusqu'où le risque est acceptable.

Les scientifiques ont tendance à ne prendre en considération que le *hazard*, soutient Sandman, et c'est pour cette raison que leurs arguments sont rarement convaincants.

En outre, dans cet épisode, d'autres facteurs jouent un rôle majeur : celui de l'inconnu et du familier, du technologique contre le naturel, et celui du moralement acceptable contre l'inacceptable. Ce sont des polarités qui contribuent à déterminer s'il y aura acceptation d'un risque potentiel, explique Sandman.

Après avoir épuisé toutes les suggestions de ses conseillers médiatiques, en effet, M. Burns se retrouve perdu pour au moins trois raisons : on ne peut pas imaginer chose moins familière qu'un poisson à trois yeux, c'est le symbole même du non-naturel, et surtout le produit d'une avidité sans scrupule, donc moralement inacceptable. Ces trois éléments amèneront les habitants de Springfield à considérer comme inacceptable le danger que représente la centrale nucléaire. Et il vaut la peine d'insister sur le fait que, même indépendamment de l'avis des scientifiques et du niveau de *hazard*, ces risques objectifs seraient une raison plus que suffisante de souhaiter voir la centrale disparaître sous une coulée de béton.

Maintenant, je ne saurais dire si les scénaristes des *Simpson* ont lu Sandman ou non. Quoi qu'il en soit, chaque fois qu'il leur arrive de représenter des situations de communication sur le risque, c'est-à-dire très souvent, ils ont été capables de rassembler, avec une précision sans pitié, tous les ingrédients pour en arriver à la pire communication qui soit.

En tout cas, ils doivent avoir quelques compétences en termes d'incidents nucléaires survenus dans la réalité, en témoigne l'exemple suivant. Dans l'épisode « Super Big Homer[1] », Homer sauve la centrale d'une énième catastrophe, qu'il a lui-même provoquée en confiant le contrôle de la sécurité de la centrale à un « oiseau buveur[2] », et à la fin M. Burns le félicite ainsi : « Homer, vous avez promptement réagi et fait d'un Tchernobyl un simple Three Mile Island. Bravo[3] ! »

1. Dan Greaney, « Super big Homer », 5 novembre 1995 (3F05).
2. « L'oiseau buveur » (*drinking bird* en anglais) est un petit jouet thermodynamique à bascule qui ressemble à un pivert. Le corps de l'oiseau comprend 2 ballons : un pour la tête et l'autre pour le bas du corps, la différence de température entre les deux cavités provoque une évaporation ; l'énergie thermique est alors convertie en énergie mécanique, provoquant ainsi un mouvement de balancier régulier de l'oiseau. Homer l'utilise pour appuyer à intervalles réguliers, en son absence, sur la touche Y de la console de contrôle de la centrale.
3. Dans la version originale, le texte dit : « Homer, your bravery and quick thinking have turned a potential Chernobyl into a mere Three Mile Island. » Alors que dans la version française l'expression « un petit pétard radioactif foireux » a été substituée à « Three Mile Island », sûrement par la conviction que l'allusion n'aurait pas été comprise par la majeure partie des téléspectateurs français.

CHAPITRE 2

Allergiques à l'écologie

Pendant l'été 2005, une campagne d'information a fait beaucoup de bruit en Italie, on en a même parlé dans la revue *Science*[1]. Cette campagne s'appuyant sur quatre pages parues dans l'hebdomadaire *Famiglia Cristiana*[2], était financée par le ministère de l'Environnement du gouvernement Berlusconi et était consacrée aux changements climatiques. Ce qui provoqua la fureur des scientifiques fut tout d'abord le fait que ces pages présentaient ces changements climatiques d'une façon tendancieuse et exprimant de surcroît un point de vue minoritaire au sein de la communauté scientifique : il s'agissait de la position de ceux qu'on appelle *les écologistes sceptiques* ou *négationnistes*, selon lesquels l'effet de l'activité humaine sur le réchauffement de la planète est négligeable, ou du moins qu'il n'y a pas lieu de s'en alarmer. Dans un deuxième temps, ce qui fit enrager les scientifiques fut la manière dont ce point de vue était présenté : comme s'il s'agissait d'une opinion commune à tous les spécialistes des changements climatiques, et attestée par le gouvernement à coups de logos du ministère de l'Environnement, du CNR et de l'ENEA[3].

---

1. « Ministry Scorches Italian Climate Researchers », *Science*, 309, 2005, p. 1010.
2. « Ambiente e Sviluppo. Cambiamenti climatici », *Famiglia Cristiana*, 24 juillet 2005.
3. Le CNR (Consiglio Nazionale delle Ricerche) est l'équivalent en Italie du CNRS français. L'ENEA (Ente per le Nuove tecnologie, l'Energia e l'Ambiente) est un centre de recherche sur l'énergie, l'environnement et les nouvelles technologies. (N.d.T.)

En effet, les arguments soutenus par cette campagne publicitaire peuvent laisser perplexe. Par exemple, Fabio Pistella, à l'époque président du CNR, refusant d'accorder de la valeur aux initiatives prises suite au protocole de Kyoto, en les qualifiant de « crise de folie passagère ». Ou bien l'adjoint du ministre de l'Environnement d'alors, Francesco Nucara, qui minimisait les effets nocifs de l'augmentation du taux de gaz carbonique dans l'atmosphère, prétextant que ce phénomène pourrait « produire de grands bienfaits » et citant un chercheur très contesté tel Frederick Seitz (à son sujet, on rappelait justement dans la publicité qu'il avait été président de l'Académie nationale des sciences des États-Unis, mais on taisait le fait que, les années qui suivirent, il était devenu consultant permanent à la Reynolds Tobacco Company). Mais le plus intéressant dans ces quatre pages était l'intervention de Paolo Togni, alors directeur du bureau de la communication et des relations publiques du ministère de l'Environnement, lequel affirmait vouloir « développer une culture environnementale alternative à l'approche biocentrique ou écocentrique, en la fondant sur une position anthropocentrique et théocentrique ».

Qui sait si Paolo Togni ne regardait pas *Les Simpson* à l'époque ! Car son idée ressemble beaucoup, du moins en ce qui concerne la culture environnementale anthropocentrique, au programme du directeur d'un autre bureau de communication : celui du Comité pour la viande de Springfield. En effet, dans l'épisode « Lisa la végétarienne[1] », une vidéo destinée aux écoliers, intitulée *La viande et vous*, réalisée par le Comité pour la viande et montrée à la classe de Lisa, contient un manifeste qui est peut-être le plus anthropocentrique de l'histoire de l'écologie, et qui mérite un arrêt sur image. Il ne dure que quelques photogrammes, comme c'est souvent le cas avec les perles de la série, et s'intitule « La chaîne alimentaire ». Disposés en cercle sur un fond bleu, on peut voir dans l'ordre : une chauve-souris, un singe, une vache, un escargot, un écureuil,

1. David X. Cohen, « Lisa la végétarienne », 15 octobre 1995 (3F03).

un crocodile, un serpent, un moineau, un chameau, un renard, une dinde et un caniche. Une flèche part de chaque animal en direction du centre du cercle, où se trouve un homme, évidemment.

Il est vrai que Springfield bat tout le monde en matière d'anthropocentrisme. Et pas seulement en ce qui concerne la chaîne alimentaire. Par exemple, voici comment le journaliste Kent Brockman, dans son émission télé habituelle *My Two Cents*, commente une hausse subite et inexpliquée de température :

> Cette vague de chaleur serait-elle le résultat de l'effet de serre ? Si 30 °C au milieu de l'hiver est la conséquence de la pollution automobile, vous me pardonnerez si je garde ma bonne vieille Pontiac[1].

Dans le cas de Brockman, il ne semble vraiment pas qu'il s'agisse d'une campagne publicitaire créative de sensibilisation aux problèmes environnementaux, comme celle de *Mare domani*, diffusée au printemps 2007 sur MTV Italia, où l'on faisait de la réclame pour un complexe d'habitations sur les collines de Sant'Archangelo di Romagna, à 7 kilomètres de la mer : « Mais attention », précisait le présentateur pour justifier la légende « Pavillons en bord de mer », « d'ici environ quinze ans, la mer Adriatique atteindra cette zone, et ce grâce à la future élévation du niveau de la mer[2]. » Un spot que Homer, client fidèle du téléachat et anti-écologiste convaincu, n'aurait pas hésité un instant à approuver. Tout en le prenant au sérieux.

De l'écologie à coups de matraque

Si une chose est bien emblématique de l'allergie de Springfield aux questions écologiques, c'est certainement la fête traditionnelle

1. Jon Vitti, « Monsieur Chasse-neige », 19 novembre 1992 (9F07).
2. *Mare domani* est un projet lancé par l'agence publicitaire Rete Europa. Rapidement considéré comme un canular ou une idée de mauvais goût, le spot a beaucoup choqué le public italien. Il s'agissait en réalité d'une provocation visant à sensibiliser le public à la disparition future de dizaines de kilomètres de côtes italiennes suite au réchauffement planétaire. (N.d.T.)

locale, qui tombe tous les 10 mai, et à côté de laquelle n'importe quelle corrida, chasse au renard ou *Palio* de Sienne semblent bien fades: le jour de la raclée. Inaugurée en 1775 par le fondateur de la ville, le héros discuté Jebediah Springfield, la fête consiste à massacrer à coups de matraque les serpents du comté, après les avoir ramassés et apportés dans le centre-ville. Lisa est la seule à exprimer son dégoût pour ce rituel barbare. Le reste de la communauté, Homer le premier, est très enthousiaste. Il se trouve même qu'un célèbre président des États-Unis y a un jour pris part, rappelle Kent Brockman dans *Un œil sur Springfield*, en commentant des images d'archives: « Entre deux audiences du procès du Watergate, Richard Nixon était venu apporter sa contribution à cette chasse aux reptiles. » Se sentant triste et incomprise, Lisa demande à son père pourquoi tout le monde sauf elle adore la fête de la raclée, qui doit avoir lieu le jour même. Homer, en tenue de karatéka, s'entraîne en cassant des serpents de bois avec sa nouvelle matraque. « T'as raison, ma chérie » est sa réponse de père irréprochable. Le conseil qui suit n'est pas moins bien avisé : « Étouffe ta rage en serrant très fort une petite balle de caoutchouc, et libère-la au moment approprié. Comme quand j'ai assommé cet arbitre avec une bouteille de scotch. Tu te rappelles ? » Pas très convaincue, Lisa part chercher un peu de réconfort auprès du révérend Lovejoy, qui lui lit un extrait improbable de la Bible: « Et le Seigneur a dit, tu écraseras toutes les créatures qui rampent sur le ventre, que leur chair lapidée soit une mise en garde pour les autres. » Perplexe, Lisa demande à jeter un coup d'œil au passage, mais le révérend refuse et cache le livre derrière son dos.

En attendant, les préparatifs pour la fête battent leur plein, prenant même un tour inattendu de sous-entendus sexuels : « Alors, Marge, je cogne lentement, ou vite ? », demande Homer à sa femme, qui lui répond sans trop d'hésitation, sur un ton langoureux et malicieux : « Lentement, et ensuite vite ! » La fête commence, tout semble se passer comme le veut la coutume et Lisa est au comble du désespoir : même sa propre mère n'est pas prête à la soutenir dans sa défense des serpents. Mais voilà que se présente une aide inopinée, grâce à un mélange inédit : Barry White et la science. Invité à la fête de la raclée en tant que célébrité, le chanteur est alpagué par Lisa qui lui suggère d'utiliser les tonalités chaudes et profondes de sa voix pour emmener les serpents loin de l'endroit du carnage, car ils sont attirés par les vibrations à basse fréquence de *Can't Get Enough of Your Love, Babe.* Dans l'épisode[1], diffusé en 1993, c'est la star de la soul elle-même qui prête sa voix au Barry White animé.

Invasions extraterrestres

Un troisième épisode a une portée écologiste : l'émouvant « Lézards populaires[2] », mais sa fin heureuse est d'une tout autre teneur. Rongé par la culpabilité après avoir tué un petit oiseau, Bart décide de prendre sur lui la responsabilité des œufs retrouvés dans le nid. Cependant, lorsque ceux-ci éclosent, la surprise est de taille : ce n'était pas des œufs d'oiseau, mais ceux d'une espèce très vorace de lézard bolivien. « La population de lézards arboricoles a littéralement explosé », annonce Brockman au JT. « À la grande satisfaction de nos concitoyens. Il semble que le vorace reptile ait une prédilection pour les pigeons. Connus aussi sous le nom de "rat à plumes" ou d'"oiseau de gouttière". Pour la première fois, nos concitoyens ne craignent plus d'être harcelés par des nuées de volatiles porteurs de maladies. »

On peut difficilement imaginer meilleur dénouement à cette histoire. Mais la seule personne à rester perplexe devant l'enthousiasme grandissant de la population pour ce soudain massacre des pigeons est, encore une fois, la petite Lisa. C'est le proviseur Skinner qui s'occupe de la rassurer, dans les dernières répliques de l'épisode :

Skinner : Eh bien, j'avais tort, les lézards sont une bénédiction !

1. John Swartzwelder, « Le jour de la raclée » (9F18).
2. David X. Cohen, « Lézards populaires », 27 septembre 1998 (5F22).

Lisa : Je trouve que c'est prendre des risques. Qu'est-ce qu'il se passera quand on sera envahis par les lézards ?

Skinner : Pas de problème, on lâchera des vagues de serpents aiguilles venus de Chine, ils extermineront les lézards !

Lisa : Mais avec des serpents ce sera pire !

Skinner : Oui, mais on a prévu le coup. On a déniché une étonnante race de gorilles qui se nourrit de viande de serpent !

Lisa : Et on aura les gorilles sur les bras !

Skinner : Non, c'est là qu'est l'astuce, quand arrivera l'hiver et le gel, les gorilles mourront de froid !

De prime abord, le raisonnement paraît impeccable. On en viendrait même à se demander si les stratégies interventionnistes des habitants de Springfield ne pourraient pas être appliquées à nos problèmes réels de tropicalisation de la Méditerranée septentrionale qui, entre poissons-arbalètes, poissons-ballons et poissons-perroquets, a lieu au rythme vertigineux d'une nouvelle espèce *alien* par mois. Cette invasion d'espèces animales « extraterrestres » est un phénomène que les scénaristes des *Simpson* semblent avoir pris au sérieux.

Par exemple, dans « Bart contre l'Australie[1] » (dont nous reparlerons plus tard), en voulant respecter, contre toute attente, un panneau de la douane interdisant l'introduction de plantes et d'animaux étrangers, Bart se débarrasse de sa grenouille dans la fontaine de l'aéroport de Canberra. Le temps de rejoindre une prairie, la grenouille rencontre une sympathique femelle kangourou. Celle-ci, partagée entre l'étonnement et l'attendrissement devant ce drôle de compagnon de bonds à la peau verte, finit par laisser prévaloir son instinct maternel, et glisse le petit batracien dans sa poche ventrale. La conclusion de l'épisode ne laisse rien présager de bon : alors que les Simpson, qui sont en fuite vers les États-Unis, contemplent de l'hélicoptère le continent australien dévasté par les grenouilles, les dernières images se ferment sur la pupille d'un koala qui, cherchant

1. Bill Oakley et Josh Weinstein, « Bart contre l'Australie », 19 février 1995 (2F13).

à s'échapper, a réussi à s'agripper à l'appareil. Pourrait-on trouver meilleure illustration de l'écologie à l'heure de la mondialisation ?

Politique environnementale ou environnement politisé ?

Les Simpson sont-ils de gauche ou de droite ? Difficile de donner une réponse claire : la série est produite par la Fox, le plus grand réseau républicain, elle est adorée de l'électorat démocrate, et ses scénaristes ont pour la plupart une orientation libérale. Homer et la majeure partie des personnages qui se déclarent d'une appartenance politique, de M. Burns à Krusty le clown, sont conservateurs, tandis que Lisa est une progressiste convaincue et le maire corrompu de Springfield, Joe Quimby, un démocrate. La série est sans pitié avec les ex-présidents des deux partis, dont elle se moque ouvertement, de Jimmy Carter à George Bush senior.

En définitive, *Les Simpson* a trop de facettes pour être classée sous telle ou telle idéologie, tel ou tel parti, comme c'est souvent le cas avec de nombreux géants de la culture, de Shakespeare à Leopardi. Et ce dessin animé est de toute façon assez riche pour permettre à chacun de s'identifier, d'y trouver des affinités avec ses propres opinions, y compris politiques. Quelles qu'elles soient.

Cela dit, les ennemis, les pires ennemis de l'environnement, à Springfield, sont sans aucun doute républicains. Voici un extrait d'une réunion qui a lieu au début de l'épisode « Un homme et deux femmes[1] » au siège inquiétant du Parti républicain de Springfield :

> **Riche Texan :** Qu'est-ce que vous pensez des lois sur l'environnement ? Chez nous au Texas, on s'est assis dessus et chacun s'en porte beaucoup mieux !
>
> **M. Burns :** Excellent ! Nous détruirons l'environnement en supprimant les lois antipollution.

1. Joel H. Cohen, « Un homme et deux femmes », 6 janvier 2002 (DABF01).

La proposition est immédiatement mise en œuvre et cela ne tarde pas à provoquer des pluies acides dévastatrices. On perçoit alors la référence explicite au refus de l'administration Bush d'adhérer au protocole de Kyoto[1].

On ne connaît pas l'appartenance politique du député Bob Arnold, qui dans « Lisa va à Washington[2] » donne son accord pour le déboisement de la forêt nationale de Springfield en échange d'un pot-de-vin (il hésite un peu toutefois : « Ce n'est pas comme brûler des déchets toxiques », dit-il à celui qui veut le corrompre, afin de faire monter le prix, « les gens s'apercevront que les arbres ont disparu... »). En revanche, c'est un membre reconnu du Parti républicain, le vil Tahiti Bob, candidat aux municipales de Springfield, qui inaugure les travaux d'une autoroute devant couper la ville en deux[3].

Si la satire contre l'anti-environnementalisme de la droite la plus fruste est féroce, il en va de même contre l'écologisme *radical-chic*. L'épisode qui le montre le mieux est certainement « Max Simpson[4] ». Obligé de se rendre au bureau de l'état civil à la suite d'une série d'erreurs causées par son homonymie avec le personnage fascinant d'un feuilleton à succès, *Les Flics de la police*, Homer Simpson décide de faire changer son nom en « Max Puissant ». Cette modification a un impact qui va au-delà de toute attente, Homer se retrouve soudainement à faire partie de l'intelligentsia progressiste de Springfield : un cercle exclusif de célébrités qui s'amuse à organiser des réceptions (auxquelles participe même le président Bill Clinton, envoûté, successivement, par un petit moulin actionné par un panneau solaire, puis par Marge, à qui il ne manque pas de faire une proposition indécente) et à manifester pour la défense des séquoias.

---

1. La décision des États-Unis de ne pas adhérer au protocole de Kyoto a été rendue officielle en mars 2001, quelques semaines après l'élection de George W. Bush.
2. George Meyer, « Lisa va à Washington », 26 septembre 1991 (8F01).
3. Bill Oakley et Josh Weinstein, « Le maire est amer », 9 octobre 1994 (2F02).
4. John Swartzwelder, « Max Simpson », 7 février 1999 (AABF09).

Le politiquement correct et l'écologie à la mode hollywoodienne sont donc considérés avec beaucoup de sarcasme. L'acteur Ed Begley, par exemple (qui est un personnage très connu du grand public américain, notamment pour la campagne promotionnelle de la Toyota Prius écocompatible), lorsqu'il décline l'invitation de Marge à monter avec les autres dans le bus des manifestants et réplique, tout en enfilant un casque bizarre et en montant sur son kart : « J'ai un véhicule qui ne blesse pas notre mère la Terre. C'est un kart propulsé par mon inépuisable autosatisfaction. »

Le charme discret de l'écologiste

Le charme et les contradictions de l'activisme écologiste sont aussi au centre d'un autre épisode, justement intitulé « Touche pas à ma forêt[1] ! », dans lequel Lisa tombe amoureuse du séduisant Jesse Grass, le très jeune leader d'un groupe d'écologistes radicaux. Vêtu d'un jean déchiré, des Birkenstock aux pieds, blond et joli garçon, Jesse s'est fait arrêter par la police de Springfield au cours d'une manifestation pour la protection des animaux. Lisa, qui a eu le coup de foudre aussi bien pour son physique que pour ses idéaux, va lui rendre visite en garde à vue, où elle le voit faire du yoga. Naturellement, Jesse a commencé à pratiquer le yoga bien *avant* que ça ne devienne une mode. La petite fille le félicite du courage de son engagement, et lui explique qu'elle est elle aussi une amie de la planète : elle est végétarienne, mais envisage de devenir végétalienne[2]. Suit un échange irrésistible :

Jesse Grass : Ah, c'est déjà un début. Moi, j'ai dépassé ce stade. Je ne mange plus.

Lisa : Wahou ! J'ai commencé à faire un tas de compost organique chez moi.

1. Matt Selman, « Touche pas à ma forêt ! », 19 novembre 2000 (CABF01).
2. Ou *vegan* en anglais. Le régime végétalien diffère du végétarisme en ce qu'il exclut tout aliment d'origine animale, tels les œufs, le lait et ses dérivés.

Jesse Grass : Seulement chez toi ? Tu n'en fais pas dans tes poches ? *[Il sort de sa poche un petit tas en décomposition.]*
Lisa : *[Y trempant son doigt admirative et rêveuse.]* Oh, quelle belle décomposition...

Lisa réussit alors à entrer dans le groupe radical écologiste en tant que sympathisante. C'est son baptême du feu. En effet, le groupe est en train d'organiser une action de boycottage pour empêcher qu'on abatte le plus vieux séquoia de Springfield, qu'une personne voudrait acheter pour fabriquer des cages pour l'expérimentation animale. Dans leur tentative d'arrêter le massacre, les jeunes écolos décident que l'un d'eux devra aller vivre en haut de l'arbre. Les volontaires ne manquent pas, sauf que lorsqu'ils découvrent que la tâche implique de renoncer au concert de U2, les mains se baissent rapidement. La seule à rester fidèle à ses convictions est, comme toujours, la petite Lisa.

Le sabotage obtient l'effet recherché : tant que Lisa est sur le séquoia, personne ne pense à l'abattre. Mais les jours passent, et à l'enthousiasme rebelle du début succède une nostalgie grandissante pour sa maison. Puis Lisa finit par céder : elle descend de l'arbre et se dirige en catimini vers chez elle pour y passer une nuit avec sa famille. Le lendemain matin, on découvre que le séquoia a été foudroyé par un éclair (vraisemblablement attiré par un seau en métal laissé sur l'arbre par la petite fille). Convaincus qu'elle se trouvait encore au milieu des branches au moment de l'accident, tous croient Lisa morte, y compris Jesse. « J'aimais Lisa Simpson », révèle-t-il aux caméras de télévision, « autant qu'un brin d'herbe. Et je donnerais n'importe quoi pour revoir son doux visage. Mais morte, elle fera beaucoup plus pour notre cause que ce qu'elle aurait pu faire dans toute une vie. »

À ce moment, l'histoire se complique : si Lisa révèle qu'elle est encore en vie, la forêt entière risque d'être abattue ; si elle se tait et fait semblant d'être morte, la comédie risque de devenir trop complexe, avec des conséquences imprévisibles. Elle décide donc de tergiverser. Jusqu'à ce que le propriétaire de la société Omni-Pavé, pour débloquer la situation à son avantage, ne proclame avoir reçu la visite de la défunte Lisa en rêve, qui lui aurait exprimé le désir de voir se transformer la forêt en un parc d'attractions, « le plus marrant, le plus bruyant, le plus polluant de tous les parcs d'attractions ». Lisa se rend alors compte qu'elle ne peut plus se cacher, et elle se montre à découvert. Les écologistes radicaux perdront leur martyre, mais au moins la forêt sera sauvée.

Jesse aussi, entre-temps retourné en prison, a sa petite revanche : il réussit en effet à convaincre la direction d'installer une chaise électrique fonctionnant à l'énergie solaire. Au grand dam du premier condamné à mort, contraint à subir des heures de grésillements atroces qui ne lui sont malheureusement pas fatals, car le courant électrique n'est pas suffisamment puissant.

Le dénouement paradoxal – en l'occurrence, il s'agit de l'issue de la bataille idéologique de Jesse – est un élément récurrent dans la série, en particulier quand les thèmes abordés ont à voir avec la science, l'environnement et la santé. Le choix est rarement anodin ou destiné à un seul effet comique. Au contraire, ce qui en ressort est la précarité des systèmes, qu'ils soient naturels ou humains. Et l'impossibilité de prévoir les conséquences sur le long terme d'un événement, aussi insignifiant soit-il en apparence. Autrement dit, l'écologie chez *Les Simpson* est extrêmement complexe, tout comme chez nous. En ce sens, une bonne illustration en est offerte dans le deuxième acte de l'épisode « Simpson Horror Show V[1] », intitulé « Temps et châtiments », dans lequel Homer se retrouve malgré lui à l'époque des dinosaures. Se souvenant pourtant du conseil prévoyant que lui avait donné son père le jour de son mariage : « Si jamais un jour tu voyages dans le temps, surtout regarde où tu mets les pieds. Parce que le plus petit changement peut modifier l'avenir dans des proportions dont tu n'as pas la moindre idée... », Homer

1. Greg Daniels, Dan McGrath, David X. Cohen et Bob Kushell, « Simpson Horror Show V », 30 octobre 1994 (2F03).

commet l'erreur de tuer un moustique, geste qui l'obligera à faire plusieurs allers-retours dans le temps, pour tenter de remédier aux effets dévastateurs qui découlent de chaque voyage.

La satire à l'égard des diverses factions pour ou contre l'environnement dans *Les Simpson* est à tout-va. Elle ne néglige pas moins le sensationnalisme médiatique relatif aux phénomènes météorologiques, des canicules aux pluies torrentielles. Voici une autre perle journalistique de ce cher Kent Brockman, tirée de l'épisode « Le hockey qui tue[1] » :

> **Brockman :** Bonjour, je suis Kent Brockman. Les gros titres de ce soir : une énorme explosion... du prix du bois de charpente, le président Reagan est mort... de honte à cause de Nancy qui a encore fait raccourcir ses robes, mais d'abord voyons le nombre de morts causé par la tempête meurtrière qui fonce sur nous avec son fusil chargé de neige.
>
> **Météorologue :** Eh bien, pour le moment Kent, le compteur indique zéro, mais elle va frapper d'un instant à l'autre

Les ingrédients sont bien connus de ceux qui suivent les journaux télévisés. Tout d'abord, il y a l'exaltation du caractère extraordinaire de la nouvelle : la tempête est « meurtrière », et elle menace de son « fusil à neige », bien qu'il n'y ait encore eu aucune victime. Encore une fois, des hypothèses catastrophiques sont formulées par le biais de données incertaines : la tempête meurtrière va de toute façon « frapper d'un instant à l'autre ».

Ce n'est qu'un dessin animé, certes. Mais la réalité est-elle si différente ? Été 2005 : l'ouragan Katrina s'abat sur la côte méridionale des États-Unis. Le 29 août, il atteint La Nouvelle Orléans, une ville qui est loin d'être exclue des centres névralgiques et médiatiques de la planète. Combien y a-t-il eu de victimes ? Au départ, Ray Nagin, le maire de la ville, avait estimé qu'il y avait plus de 10 000 morts. Le 9 septembre, presque deux semaines plus tard, la Federal Emergency Management Agency, qui quelques jours auparavant avait interdit

1. Mike Scully, « Le hockey qui tue », 13 novembre 1994 (2F05).

aux journalistes d'accompagner les secouristes, a commandé 50 000 *death bags* supplémentaires (housses destinées à recevoir les corps des victimes), alors qu'elle s'en était déjà procuré 25 000 pour faire front à la catastrophe. Les chiffres officiels, au 11 décembre 2005, parlent en revanche de 1 383 victimes, dont 720 à La Nouvelle-Orléans. Seules 154 de ces dernières, cependant, sont décédées suite à des causes directement liées à l'ouragan. La plus grande partie des décès est due à des conséquences évitables, telles que les accidents de voiture, les incendies ou les problèmes sanitaires. Mais ici encore on ne donne pas de chiffres définitifs.

Quand on relit les articles sur Katrina des mois plus tard, on est frappé par cette incertitude quant au nombre effectif de victimes. Mais en reprenant les nouvelles rapportées à l'époque, certaines étant encore disponibles sur Internet, il est évident que la course frénétique à l'événement exceptionnel a eu une influence sur la légèreté avec laquelle ont été reçues et communiquées des prévisions sans aucun fondement. Eh bien, Kent, pour le moment, le compteur indique zéro victime, mais l'ouragan ne va pas tarder à frapper !

Pas de ça dans mon jardin

Il y a une phrase qui revient souvent chez les fans des *Simpson*, quel que soit le sujet dont il est question, elle commence par « C'est comme dans *Les Simpson* ! », ou par une de ses innombrables variantes, de « Il y a la même chose dans *Les Simpson* » à « Ça arrive aussi à Springfield ». Est-il possible que *Les Simpson* reflète une aussi grande part de la réalité ?

Je me le suis souvent demandé, étant moi-même atteint de cette déformation. Je me le demandais aussi un matin de décembre en 2005, en allant travailler. La veille au soir, en bavardant avec des amis, des analogies entre les faits dont nous discutions et *Les Simpson* étaient apparues clairement de nombreuses fois. Le sujet brûlant de la soirée était le conflit d'intérêts entre la politique et les médias. Peu de semaines auparavant, un épisode du dessin animé avait été diffusé, dans lequel M. Burns, dans le but de recueillir l'approbation des habitants de Springfield, corrompait à tout-va pour avoir le monopole de la presse, des radios et des télévisions (provoquant ainsi la colère de Lisa, qui aspirait à devenir journaliste indépendante[1]). Pris dans des réflexions similaires, je me suis arrêté pour acheter *La Repubblica*. La une disait : « TGV, protestations dans la vallée de Susa ».

L'histoire de la ligne de train à grande vitesse dans la vallée de Susa a contribué (avec celle du stockage de déchets radioactifs à Scanzano Jonico) à rendre célèbre aussi en Italie l'acronyme anglais NIMBY : *Not in my backyard* (« Pas dans mon jardin »). C'est une métaphore typiquement anglo-saxonne, celle du carré de verdure privé à l'arrière de la maison, difficile à exporter dans un pays tel que l'Italie. Pourtant, elle a rapidement été adoptée par les dizaines d'experts et de politiques qui tentaient d'expliquer, dans les *talk show* à la télévision, pourquoi les habitants de la vallée de Susa et de Scanzano Jonico ne voulaient pas entendre parler d'avoir, respectivement, leur montagne perforée par un tunnel et leur sous-sol rempli de déchets radioactifs.

La métaphore du jardin privé a peut-être parfois été utilisée avec trop d'enthousiasme et peu de sens critique. Parce qu'il est très commode, du moins pour les institutions, de recourir à un « syndrome » fantomatique des habitants pour expliquer les manifestations de leur protestation ; cela épargne l'effort d'écouter véritablement leurs raisons et d'en vérifier le fondement, scientifique notamment. En outre, en employant le terme anglo-saxon, on obtient un effet plus élégant et plus politiquement correct qu'en les traitant d'« indécrottables égoïstes », même si le sens n'est pas très différent.

Il est certain que, s'ils avaient regardé avec attention *Les Simpson*, les politiques de chez nous auraient pu se faire une idée du comportement stratégique efficace à adopter dans de pareilles circonstances,

1. Don Payne, « Le canard déchaîné », 23 mai 2004 (FABF18) ; diffusé en Italie fin octobre 2005.

car dans le dessin animé les occasions où le syndrome NIMBY entre en scène ne manquent pas. Dans « Le monorail[1] », par exemple, l'affairiste escroc Lyle Lanley veut vendre un monorail à la ville de Springfield. Pour cela, il prend le soin d'exposer son projet, en premier lieu, devant une assemblée de citoyens. Puis, en second lieu, dans les écoles, où il peut mettre en pratique ses talents de persuasion : d'abord avec l'institutrice de Lisa, madame Hoover, puis avec ses camarades de classe. Mais, comme d'habitude, la petite fille ne se laisse pas convaincre et, fâchée, elle s'adresse à Lanley :

Lisa : Sûrement pas ! J'aimerais que vous m'expliquiez pourquoi on devrait construire un transport de masse dans une petite ville où la population est fortement concentrée !

Lanley : Ha, ha ! Ça, ma petite, c'est la question la plus intelligente que j'ai jamais entendue !

Lisa : *[Flattée]* Vraiment ?

Lanley : Oh, je pourrais te répondre, mais il n'y a que toi et moi qui pourrions comprendre. Même ta maîtresse ne comprendrait pas...

Sur ce, Lisa, définitivement conquise, sourit avec satisfaction. En bref, à Springfield, il n'y a pas que les autorités mais aussi les escrocs qui réussissent à se comporter d'une manière plus avisée que nous : ils s'empressent d'impliquer le public dans les prises de décision dès le début. Ou, du moins, de lui donner l'illusion d'avoir été impliqué.

Quelqu'un d'autre ne pourrait-il pas le faire ?

Un autre problème afflige l'Italie, ou plutôt une partie de l'Italie, autant que Springfield, celui des ordures ménagères. Par exemple, dans le dessin animé aussi, on entend souvent les gens se plaindre du

1. Conan O'Brien, « Le monorail », 14 janvier 1993 (9F10).

faible pourcentage de recyclage : « Je crains que ce terme ne me soit pas très familier », remarque sarcastiquement monsieur Burns dans « Le vieil homme et Lisa[1] », épisode dans lequel il réussira à fonder un empire économique en exploitant sans aucun scrupule l'atout écologique que représente la récupération des déchets.

Ce n'est pas au recyclage, mais à l'élimination des ordures que *Les Simpson* consacre l'un des épisodes les plus amusants et les plus caustiques de son histoire, le désormais célèbre « Vive les éboueurs[2] ! », considéré comme le meilleur de la série par de nombreux fans américains. Tout commence par un slogan improvisé mais accrocheur, par lequel Homer essaie de souffler à l'honnête Ray Patterson le poste de responsable des éboueurs de Springfield : « Quelqu'un d'autre ne pourrait-il pas le faire ? » Son premier discours, surprenant, mérite l'attention :

Homer : Chers concitoyens [...] vous n'en avez pas marre de vous lever tôt pour traîner vos sacs poubelles sur le trottoir ? Et vous n'en avez pas marre de devoir décoller le dernier Kleenex morveux du fond de votre corbeille à papier ?

Homme au grand nez : Oh ça, oui.

Homer : Mais alors... *[Il tire sur une corde, une banderole se déroule.]* Quelqu'un d'autre ne pourrait-il pas le faire ?

Foule : Eh ouais !

Homer : Est-ce que *quelqu'un d'autre* ne pourrait pas vider la litière du chat ?

Foule : OUI ! Quelqu'un d'autre !

Homer : Eh bien, Patterson dit que c'est à vous de le faire. Des animaux font leurs crottes chez nous et c'est nous qu'on les ramasse. Est-ce qu'on serait des esclaves ? C'est pas l'Amérique, ça ; c'est même pas le Mexique !

À ce que je sais, il n'existe pas dans toute la littérature un hymne à la déresponsabilisation qui soit à la hauteur de celui-ci, sauf peut-être dans la scène sublime du « catéchisme de Falstaff », où

1. John Swartzwelder, « Le vieil homme et Lisa », 20 avril 1997 (4F17).
2. Ian Maxtone-Graham, « Vive les éboueurs ! », 26 avril 1998 (5F09).

c'est, par ailleurs, l'hypocrisie de la rhétorique de l'honneur qui est dévoilée[1].

Dans un tourbillon de citations, mises à l'épreuve de la verve oratoire de Homer, irrésistible dans son habit d'oncle Sam, ce sont des décennies de rhétorique à la Kennedy qui défilent (du genre « Ne demande pas ce que ton pays peut faire pour toi, mais ce que tu peux faire pour ton pays »), cédant la place à un nouveau héros : *someone else*, « quelqu'un d'autre ».

Quand Homer en appelle à ce « quelqu'un d'autre », cela relève d'une certaine manière du côté obscur du syndrome NIMBY auquel nous faisions allusion tout à l'heure, du tapis commode sous lequel les experts regroupent les réactions les plus hétérogènes et les circonstances les plus diverses. Bien sûr, le syndrome NIMBY est au « quelqu'un d'autre » ce que la cleptomanie est au vol; il n'en reste pas moins que la marchandise est dérobée dans les deux cas. Ou, pour en revenir à notre problème, que les ordures continuent de toute façon à s'entasser sur les trottoirs.

Et c'est ce qui risque de se produire à Springfield lorsque Homer devient responsable des éboueurs. La situation dégénère jusqu'à un point de non-retour, quand Homer trouve une solution géniale : créer une décharge sauvage dans une mine abandonnée, l'équivalent logistique du concept de « quelqu'un d'autre ». Il réussit en plus à gagner de l'argent grâce au procédé, et il en est tellement fier qu'il montre un soir la décharge à sa famille, tandis qu'une file interminable de camions, profitant de l'obscurité, vient déverser des ordures.

1. Voir William Shakespeare, Henri IV (traduction de François-Victor Hugo), première partie, acte V, scène 1 : « Est-ce que l'honneur peut remettre une jambe ? Non. Un bras ? Non. Enlever la douleur d'une blessure ? Non. L'honneur n'entend donc rien à la chirurgie ? Non. Qu'est-ce que l'honneur ? Un mot. Qu'y a-t-il dans ce mot honneur ? Un souffle. Le charmant bénéfice ! Qui le possède, cet honneur? Celui qui est mort mercredi. Le sent-il ? Non. L'entend-il ? Non. Est-il donc chose insensible ? Oui, pour les morts. Mais ne peut-il vivre avec les vivants ? Non. Pourquoi ? La médisance ne le permet pas. Aussi je n'en veux pas. L'honneur n'est qu'un simple écusson, et ainsi finit mon catéchisme. » Un catéchisme qu'Homer n'hésiterait pas à reprendre à son compte.

Homer : Regardez toutes ces belles ordures, les autres villes n'en veulent pas alors elles me paient pour que je les déverse dans cette mine abandonnée.

Lisa : C'est affreux, c'est presque pire que si c'était de la drogue.

Bart : Y'en a là-dedans... *[Un des camions déverse des déchets, parmi ceux-ci il y a des seringues et des armes.]*

La conclusion de cet épisode sera apocalyptique. En effet, Springfield se retrouvera obligée de recourir au « plan B, le plan d'urgence de la dernière chance » : le transfert de la ville entière dans une autre zone.

S'agit-il d'un final exagéré ? Après plus de dix ans d'urgence à remédier au problème des ordures en Campanie, où l'on a pu assister à des scènes et à des scandales inimaginables, s'il y a un adjectif qui ne peut pas convenir à cet épisode, c'est bien « irréaliste » : des promesses d'Homer aux citoyens furieux à cause de toutes les sortes d'abus de pouvoir et d'actes illégaux qui se mêlent dans l'intrigue, tout dans « Vive les éboueurs ! » a un goût tragique de déjà-vu, du moins aux yeux du public italien. Même la solution de dernier recours, « le plan d'urgence de la dernière chance », a été évoquée sardoniquement un des jours chauds de l'urgence poubelles à Naples : quand, après avoir comparé la situation de Springfield à celle de la ville italienne, la journaliste Francesca Pilla a conclu son article dans *Il Manifesto* en espérant « qu'au prochain conseil régional, il ne vienne pas à l'idée des dirigeants de nous envoyer à Scanzano à la place des déchets radioactifs[1] ».

1. Francesca Pilla, « Napoli/Springfield. Al voto la spazzatura fra titani », *Il Manifesto*, 11 juin 2004.

CHAPITRE 3

Tant qu'on a la santé

En décembre 1998, les médecins canadiens, en feuilletant le numéro de Noël du *Canadian Medical Association Journal*, revue scientifique qui existait déjà depuis un siècle, tombèrent sur un article au titre inhabituel : « D'oh ! An analysis of the medical care provided to the family of Homer J. Simpson[1] ». Et il se s'agit pas d'une homonymie : l'article, signé de Robert Patterson et Charles Weijer, respectivement chirurgien et professeur de bioéthique, fait bien référence à la plus célèbre famille de Springfield. Il s'agit plus précisément d'une comparaison entre les deux médecins des Simpson, Julius Hibbert et Nick Riviera. Une comparaison qui vise à déterminer lequel de ces docteurs animés incarne le mieux le modèle que tout bon médecin du XXIe siècle devrait suivre pour adhérer au standard de l'assistance sanitaire contemporaine, c'est-à-dire savoir allier efficacité du management, limitation des coûts et satisfaction de la clientèle. La cible du sarcasme de Patterson et Weijer est le modèle d'entreprise de santé publique qui se répand aussi bien au Canada qu'en Italie, avec son cortège pompeux d'excellence, d'apprentissage constant, d'efficacité, de pratiques innovatrices, de risques d'entreprise, sans oublier l'immanquable *mission*, entre l'enthousiasme de nombreux

1. Robert Patterson et Charles Weijer, « D'oh ! An analysis of the medical care provided to the family of Homer J. Simpson », *CMAJ*, 159, 1998, p. 1480-1481.

managers et politiques et le malaise de tout aussi nombreux ouvriers et patients.

Le thème n'est pas nouveau, même s'il apparaît assez rarement dans les médias italiens. Ce qui surprend est, en revanche, le cas clinique choisi. Pourquoi, parmi les innombrables exemples réels à leur disposition, Patterson et Weijer ont-ils décidé de faire porter leur analyse sur la famille Simpson ? D'accord, on parle de la plus célèbre famille contemporaine du monde, et ce n'est pas rien. Mais ce n'est pas tout. Entre cabinet de consultation et hôpital, dentiste et assurance-maladie, *Les Simpson* consacre à la santé une quantité de temps incongrue pour un dessin animé. Qui devient cependant parfaitement réaliste, si on la rapporte à une famille dans la vie réelle.

Les deux médecins de référence de Springfield – le joyeux et compatissant docteur Hibbert d'une part, et le charmeur sans pitié Nick Riviera de l'autre – incarnent deux modèles aux antipodes l'un de l'autre. Le docteur Hibbert est un peu avide, comme il le proclame sur le panneau qui trône joyeusement à l'entrée de sa clinique : « Organisation à but lucratif ». Le docteur Nick, lui, est incompétent (il n'est peut-être même pas un vrai médecin) et sans scrupule, au point de sombrer dans le crime. C'est à lui que l'on s'adresse pour obtenir des prestations illicites et des médicaments interdits. Pour vous donner une idée, parmi les 160 plus graves accusations rapportées à la Commission pour négligence professionnelle de sa part[1], figurent l'exécution d'opérations chirurgicales avec pour matériel un couteau et une fourchette pris dans un restaurant de fruits de mer (« Oui, mais je les avais essuyés avec ma serviette... ») et le détournement de cadavres (« Un véhicule de transport en commun paie moins cher au péage[2]... »). Alors que le pire que l'on puisse imputer au docteur Hibbert, mis à part une distraction occasionnelle, est d'avoir prescrit à Bart (après une série de visites injustifiées, si

1. Les citations qui suivent sont tirées de l'épisode « Vingt-deux courts-métrages sur Springfield », Greg Daniels, 14 avril 1996 (3F18).

2. Une loi en vigueur dans certaines villes américaines donne le droit de prendre certaines routes seulement aux véhicules transportant plus d'une personne.

ce n'est par le fait que Marge a imprudemment déclaré avoir une mutuelle capable de couvrir les frais), dans l'ordre : des lunettes de vue (dont il n'a pas besoin), une pommade pour le cuir chevelu (à tenir éloignée des sources de chaleur et des femmes enceintes), des chaussures orthopédiques et un désinfectant pour la gorge[1].

Deux personnages, donc, on ne peut plus aptes à représenter le choix dramatique auquel se trouvent aujourd'hui confrontés des centaines de milliers d'employés du secteur médical : doit-on s'acharner à vouloir maintenir au centre la relation avec les patients, malgré toutes les faiblesses et les frustrations que cela engendre, ou bien se plier aux flatteries et aux pressions d'un système qui, sous couvert de modernité et d'efficacité, finit par considérer les malades comme des clients à servir dans un temps minimum et en faisant un maximum d'économies, au détriment de toute éthique professionnelle ?

Si la responsable désignée dans l'article paru dans la revue médicale canadienne est la bureaucratisation de la santé (d'ailleurs, la palme du médecin idéal du XXIe siècle revient au docteur Nick, pour son inégalable mélange d'incompétence, de négligence et de réduction des coûts), le punching-ball des scénaristes des *Simpson* est sans l'ombre d'un doute le système médical américain, comme l'indique Homer avec patriotisme : « T'en fais pas, Marge. Le système de santé américain est seulement second derrière le Japon... le Canada, la Suède, la Grande-Bretagne... toute l'Europe. On peut remercier notre bonne étoile, on ne vit pas au Paraguay[2]. »

Une santé qui coûte cher

La réplique précédente est extraite de l'épisode « Oh la crise... cardiaque ! », condensé féroce de tous les méfaits qu'une libéralisation sans règles peut provoquer dans le domaine de la santé.

1. Frank Mula, « La dernière tentation d'Homer », 9 décembre 1993 (1F07).
2. Gary Apple et Michael Carrington, « Oh la crise... cardiaque ! », 17 décembre 1992 (9F09).

Après une énième soirée passée à se goinfrer de dinde et de gâteaux devant la télévision, Homer commence à ressentir une douleur au thorax. Ne prenant pas garde à ce signe, le lendemain matin, Homer prend le volant de sa voiture pour aller au travail, après avoir avalé son petit-déjeuner habituel, qui est tout sauf frugal. Toutefois, un bruit inquiétant le dérange. Pensant qu'il provient du moteur, il en parle au garagiste qui lui apprend que les cardans n'y sont pour rien, le responsable du battement irrégulier est son cœur. Soulagé par la nouvelle, à peine arrivé à la centrale, Homer s'offre un petit casse-croûte composé de beignets. Puis il s'installe pour sa sieste quotidienne. Mais il n'a pas le temps de fermer les yeux que les caméras de surveillance le prennent en flagrant délit, et le voilà convoqué immédiatement chez M. Burns.

L'entrevue qui suit est littéralement à couper le souffle : on peut suivre en direct les réactions du muscle cardiaque d'Homer devant la colère de Burns, dans un encadré placé sur l'écran. Détruit par des décennies de régime hyperlipidique et de plus en plus en fibrillation à cause du stress causé par la confrontation avec le patron, le cœur d'Homer finit par lâcher.

Sauvé *in extremis* par le docteur Hibbert, Homer semble prêt à oublier l'épisode de l'infarctus en toute sérénité : « Ce qui ne nous tue pas ne peut que nous rendre plus forts, n'est-il pas vrai ? », demande-t-il au médecin. Malheureusement, les choses ne se passent pas tout à fait ainsi. Les examens à base de liquide colorant radioactif (dont on découvre qu'Homer n'en a pas du tout besoin, puisqu'il est déjà assez radioactif de par son travail) et les tests sur sa masse graisseuse ne laissent aucun espoir. Il va falloir opérer, comme tente de le lui expliquer le docteur Hibbert. Quand le médecin dit à Homer qu'il va devoir subir un pontage coronarien, a lieu cet échange mémorable :

Homer : C'est de l'hébreu ça pour moi...
Dr Hibbert : Vous avez besoin d'une opération à cœur ouvert !
Homer : Je comprends rien à votre charabia, toubib...

Dr Hibbert : On va vous ouvrir le buffet et tripatouiller votre palpitant !!
Homer : Je pige toujours que dalle...

Marge, qui a bien compris la situation, répond qu'ils sont prêts à tout pour sauver son homme. Mais elle se retrouve vite confrontée à l'amère réalité : le coût de l'intervention est de 30 000 dollars. La nouvelle provoque un autre infarctus chez Homer, faisant ainsi monter le prix à 40 000. Somme qu'Homer ne peut en aucun cas trouver, ayant renoncé avec ses collègues à l'assurance-maladie en échange d'un flipper pour la salle de repos. Les appels à la générosité de la communauté religieuse et la tentative de contracter une nouvelle assurance en cachant son véritable état de santé sont vains. Homer est au bord du désespoir.

Représentation peu réaliste, scénario de fiction animée ? Il semblerait bien que non, et même, on n'en est peut-être pas rendu au point de contrôler les poches d'un malheureux avant son pouls, mais des situations tout aussi dramatiques, voire plus, que celle dans laquelle se retrouve Homer Simpson existent réellement dans le pays le plus avancé du monde. Comme ne cessent de le démontrer les films grand public[1] et les revues spécialisées, le *New England Journal of Medicine* en tête. En 2006, un article[2] y est paru, dans lequel on relatait une histoire tellement similaire à celle dont Homer est le protagoniste que, si l'épisode de la série n'avait pas été diffusé presque quinze ans plus tôt, on en viendrait à penser que les scénaristes s'en sont inspirés. C'est l'histoire de Howard Staab, un charpentier de Caroline du Nord, dépourvu d'assurance-maladie, qui du jour au lendemain s'est découvert atteint d'un prolapsus de la valve mitrale. Il avait besoin d'une intervention de chirurgie cardiaque, mais le coût était prohibitif : 200 000 dollars. C'est ainsi qu'a débuté son

1. Pour n'en citer que quelques uns, il suffit de penser au très émouvant ... (James Broks, 1997), avec Jack Nicholson et Helen Hunt. Ou à *John Q* (Nick Cassavetes, 2002), où Denzel Washington finit par prendre tout un hôpital en otage en voulant sauver son fils malade du cœur. Ou enfin au documentaire récent *Sicko* (Michael Moore, 2007).
2. Arnold Milstein et Mark Smith, « America's New Refugees. Seeking Affordable Surgery Offshore », NEJM, 355 (16), 2006, p. 1637-40.

pèlerinage d'un hôpital à l'autre, à la recherche désespérée d'offres plus abordables. Mais le meilleur prix que M. Staab a réussi à trouver était au Texas : 40 000 dollars. Exactement la même somme demandée à Homer, preuve de la relative honnêteté du docteur Hibbert. Comme dans le cas d'Homer, 40 000 dollars restaient une somme encore trop élevée pour Howard Staab. Au bout du compte, pour survivre, il sera obligé d'aller se faire opérer en Inde, où, pour à peine 6 700 dollars, un chirurgien en cardiologie ayant fait ses études aux USA lui a offert le traitement complet : hospitalisation plus intervention.

En ce qui concerne Homer, en revanche, c'est sa bien-aimée télé qui va le sauver. En effet, son découragement est à son comble quand un spot énergique, avec le buste du docteur Nick Riviera au premier plan, capte son attention :

> Salut tout le monde, je suis sûr que vous cherchez le moyen de réduire au max vos dépenses de santé. Je pratique n'importe quelle intervention pour 129,95 dollars. Et si vous venez en neurochirurgie, vous recevrez un piège à doigts chinois gratuit. Vous êtes au bout du rouleau ? Alors faites confiance à un pro, appelez le 16 00 Docteur B, B comme « Business » !

Pour être précis, la véritable cause de la guérison d'Homer est Lisa, qui, ne faisant pas confiance au chirurgien qui s'occupe de son père, a eu la bonne idée de se préparer à l'intervention en lisant *Le Journal de la Cardiologie* et en disséquant un cœur de bœuf fourni par le boucher. Cette préparation se révélera par la suite très utile : ayant malencontreusement réenregistré sur la cassette de cours à distance de chirurgie cardiaque un épisode du talk show *Gens qui ont des têtes comme des choses*, le docteur Nick, se retrouvant devant le thorax ouvert d'Homer, ne sait pas du tout où il est censé inciser. Mais Lisa, qui assiste à l'opération au sein d'un public nombreux depuis la salle d'attente, réussit à se faire entendre : « Hé ! », lui crie-t-elle, « l'incision de l'artère coronaire doit être pratiquée sous le clamp… En dessous ! » Il est peut-être superflu de le dire, mais la pose d'un pontage coronarien requiert exactement la procédure indiquée par la petite Simpson.

Grosses sommes, grosses escroqueries

Dans « Oh la crise... cardiaque ! », entre assurances sans pitié, médecins filous et incompétents, publicité mensongère et spectacularisation de la souffrance, les conséquences les plus grotesques d'une assistance médicale privatisée sont toutes présentes en même temps. Les épisodes dans lesquels apparaissent ces éléments sont très nombreux, au point de faire du thème de la santé un des leitmotivs de la série. D'autre part, il s'agit toujours de références tragiquement vraisemblables. Dans « La petite amie de Bart[1] », par exemple, nous apprenons que le pourtant consciencieux docteur Hibbert a oublié les clés de sa Porsche « dans l'abdomen de madame Glick ». Et à cause d'une mutuelle dentaire non renouvelée, dans « Grève à la centrale[2] », Lisa se retrouve forcée de porter un appareil dentaire terrifiant qui date « d'avant l'acier inoxydable », ne pouvant se permettre l'acquisition du modèle « invisible, indolore, qui libère à intervalles réguliers un nuage de fleur de ratiche, un merveilleux parfum ».

« Toute la vérité, rien que la vérité[3] » raconte justement l'histoire immorale de médecins et d'avocats véreux, d'une part, et d'infortunés avides, de l'autre. Dans cet épisode, la famille Simpson demande un diagnostic au docteur Nick Riviera pour tenter d'obtenir un dédommagement d'un million de dollars suite à un accident duquel Bart est sorti quasi indemne. Sans compter le montant du dédommagement, l'invalidité feinte et les stratagèmes adoptés sont les mêmes que ceux auxquels la chronique nous a habitués depuis quelque temps (rien qu'en 2005, l'Institut de surveillance des assurances a estimé qu'environ trois accidents sur cent sont dus, au moins en partie, à des comportements frauduleux[4]), de l'inratable

1. Jonathan Collier, « La petite amie de Bart », 6 novembre 1994 (2F04).
2. Jay Kogen et Wallace Wolodarski, « Grève à la centrale », 11 mars 1993 (9F15).
3. John Swartzwelder, « Toute la vérité, rien que la vérité », 10 janvier 1991 (7F10).
4. Association nationale des assurances, *L'assicurazione italiana 2006/2007* (rapport annuel), p. 122. En ligne sur le site : www.ania.it/documenti/ass_italiana/2007/ASS.%ITALIANA%202007.pdf.

coup du sort à la mise en scène fixée en vue du procès, à grand renfort de fauteuil roulant. Sans parler, toujours dans le domaine des escroqueries en cas d'accident de voiture, des tentatives de corruption sur ceux qui sont censés contrôler l'aptitude effective à la conduite des automobilistes : si en Italie le scandale éclate régulièrement à propos de permis de conduire obtenus en payant des sommes faramineuses aux examinateurs, à Springfield c'est par amour, et par amour seulement, que dans « Un poisson nommé Selma[1] » la sœur de Marge, employée au bureau des véhicules à moteur, ferme les yeux sur la myopie de l'acteur Troy McLure, en omettant de lui imposer de conduire avec des lentilles de contact, en échange d'un rendez-vous galant.

Bref, du moins en ce qui concerne la santé, les épisodes des *Simpson* ont tendance à ressembler davantage aux enquêtes de *Reporters* qu'à un dessin animé. Cependant, pour notre plus grand plaisir, la série ne perd jamais son irrésistible patine d'humour qui lui permet de conserver un regard indulgent et bienveillant même sur la pire des réalités. Évitant ainsi de tomber dans le moralisme ou dans le piège de la dénonciation facile, à sens unique. Si les médecins et les avocats de la série sont véreux et sans scrupule, en réalité, la famille Simpson, ou plutôt ses membres de sexe masculin, ne l'est pas moins. Et même les pires tragédies, à condition qu'elles touchent les autres, deviennent pour eux une source de pur divertissement. Il suffit de penser aux séries télé favorites d'Homer et Bart : *Quand les immeubles s'effondrent* ou encore *Les bavures de la chirurgie*.

Voici un dialogue significatif, qui a lieu devant la télévision où passent des images d'effondrements catastrophiques d'édifices, sous les hurlements d'extase de Bart et Homer et le regard de Lisa, silencieuse et dégoûtée :

Bart : Les meilleurs passages, c'est quand les immeubles s'écroulent !
Lisa : Ouais... Mais il y a peut-être eu des blessés !
Homer : Eh ouais ! Hi hi hi hi !
Voix off : Et maintenant, *Les bavures de la chirurgie*...

1. Jack Barth, « Un poisson nommé Selma », 24 mars 1996 (3F15).

Homer et Bart, comme hypnotisés par le titre accrocheur de l'émission, se penchent vers l'écran. Puis le *reality show* commence. « Eh punaise, ça me donne faim cette opération de l'estomac. Infirmière ! Un remontant et des coupe-faim, vite ! », s'exclame Homer[1].

Des personnalités incapables d'empathie, émotionnellement immatures, diagnostiqueraient un psychologue et un sociologue devant un tel portrait de famille. Ce ne sont peut-être que les dignes représentants des téléspectateurs d'émissions telles que *Relooking extrême*[2]. Mais il transparaît du canapé des Simpson une insouciance tellement joyeuse que l'on ne peut pas les ranger dans les catégories habituelles du sarcasme et de la dénonciation, qui feraient de la série un moyen de tourner au ridicule la famille dysfonctionnelle contemporaine, telle qu'on la décrit souvent.

Beauté et damnation

Justement, à propos de *Relooking extrême*, il vaut la peine de souligner qu'à Springfield aussi, la médecine n'a pas exclusivement un but thérapeutique, bien au contraire. C'est pour ce qu'elle réussit à accomplir dans le domaine de l'esthétique que les citoyens l'adorent et y ont si souvent recours. Pour commencer, l'un des plus vilains d'entre eux, le misogyne Moe Szyslak, gérant de la taverne *Chez Moe*[3]. Vainqueur du concours du meilleur barman de l'année, Moe a la chance de se voir immortalisé sur le très prestigieux calendrier de la bière Duff. Mais il n'est pas très photogénique, et le directeur artistique censure son portrait avec un autocollant qui recouvre entièrement son visage. C'est un choc pour Moe. « Oh, je suis vraiment aussi moche ? », s'interroge-t-il. Homer tente en vain de le consoler en lui expliquant : « On donne trop d'importance au

1. Ned Goldreyer, « La malédiction des Simpson », 8 mars 1998 (4F24).
2. Émission de téléréalité importée des États-Unis, dans laquelle on voit « en direct » des gens subir des opérations de chirurgie esthétique.
3. Larry Doyle.

look de nos jours. C'est pour ça qu'on ne voit jamais de films avec Woody Allen avant minuit... » Non, il faut trouver une solution radicale, et cela passe par la chirurgie esthétique. « Peut-être qu'ils peuvent transformer Quasimodo en Di Caprio, qui sait ? », fantasme Moe.

En effet, le chirurgien esthétique est enthousiasmé à l'idée de relever un tel défi et, malgré le manque de collaboration de Moe (« Oh, je vous en prie ! Vous êtes pire que Faye Dunaway ! », s'exclame le chirurgien pour le faire taire, faisant allusion à l'une des actrices les plus liftées d'Hollywood, alors que le barman se plaint des flèches tracées au feutre sur son visage), il obtiendra un résultat excellent, bien que de courte durée. Avec en plus une touche de réalisme de la part des scénaristes, qui font précéder l'opération de la découverte que le système de distribution du gaz anesthésiant a été par erreur relié à une bombonne « odeur de voiture neuve ». Heureusement pour Moe, le chirurgien s'en aperçoit à temps. À la différence de ce qui est arrivé en Italie au printemps 2007, quand il a fallu huit accidents fatals pour se rendre compte qu'à la place de l'oxygène, on administrait du protoxyde d'azote aux patients.

C'est d'un succès analogue, tout aussi éphémère et constellé d'erreurs, qu'est couronnée la liposuccion que subit Marge, dans l'épisode « La nouvelle Marge[1] », pour ne pas perdre l'amour d'Homer. Elle a pris cette décision dans la chambre, faussement convaincue que son mari flirte avec d'autres femmes parce qu'il ne la trouve plus attirante. Et persuadée que le problème vient des bourrelets qu'elle a sur le ventre, Marge s'adresse à un chirurgien esthétique. L'opération s'annonce plutôt simple : « une lipo de 10 minutes », comme la définit l'infirmière de l'accueil. Mais Marge est un peu anxieuse et voudrait poser quelques questions au médecin. Or, donner des informations ne fait pas partie de la charte de la clinique de Springfield : « Le temps, c'est de l'argent » est la seule réponse qu'elle obtient, avec une invitation à poser de plus amples questions

1. Ian Maxtone-Graham, « La nouvelle Marge », 24 novembre 2002 (DABF18).

au masque pour l'anesthésie qu'on lui applique déjà sur le visage. Puis l'intervention commence.

Six heures plus tard, c'est le réveil. « C'est bizarre... », murmure -t-elle encore ensommeillée, « on dirait que j'ai toujours mes bourrelets ». Au même moment, près d'elle, une autre patiente endormie est entourée de médecins auxquels le maire Quimby furieux dit : « Ma secrétaire est aussi plate qu'avant. Où sont les amortisseurs que les contribuables ont payés ? » Il suffit d'une seconde à Marge pour s'observer, et le mystère est vite résolu : c'est un coup classique qui est à l'origine de l'erreur, l'échange de patients. « Ah ! Qu'est-ce que vous avez fait ? », s'écrie Marge consternée. « J'avais des oranges, maintenant j'ai des melons ! » À noter en passant que l'interversion de patients, avec son lot de sorties anticipées de malades, d'erreurs d'administration de médicaments, d'amputations de membres sains et d'anesthésies mal dosées, fait partie des « risques cliniques » énumérés dans le cahier de doléances du Tribunal des droits du patient. Une erreur qui peut parfois s'avérer fatale, notamment en cas de transfusion sanguine.

La méprise dont Marge a été victime a beau avoir eu un résultat comique, ce n'est pas le genre de choses que l'on accepte le cœur léger. Et, justement, Marge exige qu'on lui rende la poitrine à laquelle elle était habituée. Le chirurgien, peu convaincu, sans perdre contenance pour autant, lui propose de revenir deux jours plus tard pour lui retirer les prothèses. « Oh, vous pouvez compter sur moi ! », répond Marge énervée. Mais le chirurgien en sait long... En découvrant les nouveaux implants, Homer se montre tout de suite enthousiaste, même Bart et Lisa semblent apprécier (« Waahh ! », s'exclame Bart admiratif, au restaurant. « Grâce à tes doudounes, on a la meilleure table, juste à côté des homards ! »). Et quarante-huit heures plus tard, la dernière chose dont rêve Marge est de retourner à la clinique pour une chirurgie réductive.

Moe et Marge ont décidé de se tourner vers la chirurgie esthétique sur le conseil de leurs amis. Mais ce sont les publicités à la télévision qui poussent le plus souvent les habitants de Springfield à franchir la porte de l'hôpital ou à faire confiance à la science médicale. Notamment les publicités pour des produits pseudo-miraculeux, dont l'efficacité est « scientifiquement garantie », comme par exemple la création du docteur Nick Riviera, présentée par Troy McLure : « un bonbon délicieux qui blanchit les dents et les redresse en même temps[1] ».

La joie de retrouver ses cheveux

Le thème du traitement miraculeux, présent dans de nombreux épisodes, en devient parfois le sujet principal. C'est le cas dans « Simpson et Dalila[2] », entièrement consacré au thème de la calvitie. Au début de l'épisode, comme d'habitude, les Simpson sont devant la télé. Entre deux quiz démarre un spot, dans lequel un jeune homme marche le long d'une plage les cheveux au vent :

Pub : J'ai toujours pensé que perdre mes cheveux était aussi inéluctable que les marées. Puis j'ai découvert Dimoxinil, un produit révolutionnaire qui fait des miracles dans la repousse des cheveux.

Homer : Oh ! Il a découvert un produit révolutionnaire qui fait des miracles !

Pub : L'avantage de Dimoxinil, c'est qu'il me permet de faire pousser la quantité de cheveux que je désire.

Le spot dit qu'il suffit d'envoyer 5 dollars à une certaine adresse pour recevoir la documentation. Homer entrevoit la possibilité d'avoir des cheveux « comme n'importe qui ». Marge tente de lui expliquer qu'il y a des femmes qui trouvent qu'un homme chauve, « ça fait viril ». Mais Homer répond : « T'as pas entendu ce qu'ils en disent ? C'est une invention révolutionnaire, un produit miraculeux. Pas un de ces attrape-couillons qui ne font rien du tout ! » Il jette alors à la poubelle les diverses lotions capillaires anti-calvitie rangées

1. Steve Peepon, « Tu ne déroberas point », 7 février 1991 (7F13).
2. Jon Vitti, « Simpson et Dalila », 18 octobre 1990 (7F02).

dans l'armoire à pharmacie de la salle de bain, parmi lesquelles une incroyable lotion du nom de Gorilla Man Scalp Blaster.

La suite de l'histoire raconte les péripéties d'Homer pour parvenir à se faire rembourser les 1 000 dollars du traitement anti-chute par sa mutuelle (motif invoqué : « Traitement pour empêcher le cerveau de geler ») et les améliorations, avec son estime personnelle requinquée, dans tous les domaines de sa vie (professionnel, familial et même sexuel) qui auront lieu suite à la repousse de ses cheveux.

Et tout cela grâce aux effets prodigieux du Dimoxinil. Un nom qui, en anagramme, forme Minoxidil. Le Minoxidil, ou piperidinylpyrimidindiamine-oxyde, est une molécule qui fut utilisée dans le passé pour traiter l'hypertension artérielle. Cependant, on découvrit rapidement que, parmi ses effets secondaires, ce médicament avait celui de favoriser la pousse des poils et cheveux. Connu dans le commerce sous le nom de Rogaine (désormais racheté par Pfizer), il fut le premier traitement capillaire contre la calvitie héréditaire approuvé par la FDA (l'agence gouvernementale américaine chargée de vérifier l'innocuité des aliments et des médicaments), en 1988.

Sur les quelques photos disponibles sur Internet de Jon Vitti, le scénariste de cet épisode, il porte toujours un couvre-chef, il serait donc imprudent d'affirmer que sa compétence en la matière est d'origine personnelle. Mais une chose est sûre : il a su mettre en scène de manière très juste la joie de retrouver ses cheveux.

Un sujet d'actualité brûlant

Dans la série, c'est sans aucun doute à la mauvaise santé que revient la part du lion, mais il n'y a pas un sujet médical « brûlant » ou controversé qui n'ait été au moins effleuré une fois dans *Les Simpson*. Bien sûr, pour le public américain, l'impression de ressemblance avec la réalité donnée par le dessin animé est encore plus vive, étant donné que l'environnement recréé dans la série est celui de l'imaginaire collectif américain. À commencer par la fameuse clinique Mayo (à Rochester dans le Minnesota), qui dans la réalité compte parmi ses patients des personnages tels que John Kennedy, George W. Bush et Bono de U2. Dans le dessin animé, il en va de même : dans « La grande vie[1] », épisode se déroulant en grande partie à l'intérieur de la clinique, on rencontre Fidel Castro et le pape qui tiennent compagnie à M. Burns (à qui, après un check-up complet, on diagnostique un syndrome très rare qui comprend toutes les pathologies connues, grossesse nerveuse comprise).

Pour le public étranger également, les références à la chronique médicale peuvent être perçues avec précision. Et *Les Simpson*, en matière de santé, se trouve souvent en avance sur la médiatisation des faits.

Par exemple, il est déjà fait mention de la fécondation assistée dans un épisode de 1993[2], dont le personnage principal est Selma Bouvier. C'est naturellement la très informée Lisa, avec plus de dix années d'avance sur le débat qui eut lieu en Italie à l'occasion du référendum sur la loi 40, qui lui suggère de tenter de satisfaire son impérieux désir d'être mère en ayant recours à la science :

Selma :	Oh, je crois que je n'aurai jamais de bébé !
Lisa :	Tante Selma, je ne voudrais pas te vexer, mais tu n'as jamais envisagé l'insémination artificielle ?
Homer :	Hi hi hi ! Ben mon vieux, faut vraiment en vouloir pour faire ça avec un robot ! *[Marge lui chuchote quelque chose à l'oreille, il s'exclame vexé.]* Ben je sais bien !

Au final, Selma renoncera à son rêve d'avoir un enfant, en optant pour un iguane, qui lui demandera moins d'attention, mais qui se révélera en mesure de satisfaire ses pulsions maternelles.

En beaucoup plus déterminé, en revanche, on trouve le couple indien de la série, Apu et Manjula, dans l'épisode au titre significatif « Huit d'un coup[3] ». Dans leur cas, le drame de l'infertilité (retracé

1. John Swartzwelder, « La grande vie », 23 janvier 2000 (BABF08).
2. David M. Stern, « Le choix de Selma », 21 janvier 1993 (9F11).
3. Matt Selman, « Huit d'un coup », 21 novembre 1999 (BABF03).

sous tous ses aspects, sur le plan psychologique et de la relation de couple aussi, de l'affection teintée d'amertume envers la petite Maggie à la poursuite obsessionnelle des périodes d'ovulation) est affronté grâce à une cure d'hormones. Il s'agit d'une thérapie démesurée, effectuée sans contrôle médical, si bien que le résultat en est la mise au monde d'un nombre record d'enfants : huit bébés, qui se retrouvent choyés et gâtés par les médias et des sponsors. Mais cela dure seulement tant que le record n'est pas battu : en effet, à peine un autre couple donne-t-il naissance à neuf bambins que les fournitures gratuites de couches-culottes, de lait en poudre et autres produits cessent net.

Sur le thème de la sexualité masculine aussi, le flair des scénaristes est bien affûté. En effet, c'est à 1994 que remonte la première diffusion de l'épisode « La potion magique[1] », une satire sagace du commerce des médicaments contre l'impuissance. Dans ce cas également, le moment de traiter le sujet est hors du commun : les propriétés thérapeutiques du Sildenafil (le principe actif du Viagra) dans le traitement des dysfonctionnements érectiles avaient déjà été découvertes dans les laboratoires de Pfizer en 1991, certes, mais la FDA n'a donné son accord pour la commercialisation de la pilule bleue que le 27 mars 1998.

La santé dans le monde est encore un thème d'actualité pour lequel *Les Simpson* a démontré des pouvoirs presque divinatoires. Si au troisième millénaire, en particulier après l'apparition du SARS, dont le virus a été identifié pour la première fois en novembre 2002 en Chine, la santé mondiale est en tête des préoccupations de toutes les organisations sanitaires, à commencer par l'OMS, quand en 1993 « Marge à l'ombre[2] » a été diffusé, c'était encore un sujet embryonnaire, qui n'intéressait que les spécialistes. Cependant, à cette époque, une bonne partie de l'épisode décrivait déjà le processus de diffusion de la très contagieuse « grippe d'Osaka », en partant du

1. Bill Oakley et Josh Weinstein, « La potion magique », cit.
2. Bill Oakley et Josh Weinstein, « Marge à l'ombre », 6 mai 1993 (9F20).

« vecteur » (un presse-agrumes *made in Japan* vanté par une pub et commandé par Homer) jusqu'aux réactions paranoïaques des habitants de Springfield : quand le docteur Hibbert déclare innocemment à la foule, qui recherche désespérément un remède, que le seul moyen de guérir est le repos et que n'importe quel médicament aurait un effet placebo, les gens se mettent immédiatement en chasse de ces mystérieux « placebos ». Sans parler des interprétations apocalyptiques de Ned Flanders, qui pense ouvertement qu'il s'agit d'une punition divine, ou de l'opportunisme de Bart, qui réclame « des caramels à la morphine ».

Naturellement, il ne pouvait manquer à l'appel une allusion moqueuse à la prolifération des tests et autres questionnaires, qui sont discutables sur le plan scientifique et qui voudraient nous pousser à améliorer notre style de vie en nous donnant une estimation des années qu'il nous reste à vivre. En ce qui concerne les risques cardio-vasculaires en particulier. Voilà donc Homer, dans « Folie Homérique[1] », aux prises avec un questionnaire à choix multiple intitulé « Jusqu'à quel âge vivrez-vous », trouvé au milieu d'un magazine. Compte tenu du nombre insensé de travers de porc consommés quotidiennement et de huit années de cigarettes, le résultat s'avère sans pitié : il ne reste à Homer qu'à peine trois ans à vivre. Information qui, loin de l'inciter à vivre plus sainement, le jette dans le désarroi le plus total.

En revanche, le traitement « un tantinet controversé », suggéré par le docteur Hibbert, pour une lésion des yeux se révélera bien plus agréable à suivre :

> **Hibbert :** Je pensais à la marijuana, usage médical. Une prescription d'herbe. Des joints de Texas THC sur ordonnance.
> **Homer :** Non, mon vieux, je ne me drogue pas.
> **Hibbert :** Homer, pour vos yeux, le haschisch, il n'y a rien de mieux. Vous n'avez pas peur, j'espère ?

1. John Swartzwelder, « Folie Homérique », 30 avril 2000 (BABF16).

Homer : J'ai eu une mauvaise expérience avec la drogue. Et pour moi, les *sixties* se sont achevées ce triste jour de 1968.

Hibbert : Homer, vous n'allez pas renoncer à vous soigner à cause de cette mauvaise expérience ?

Homer : Mais, docteur, la marijuana ou « herbe », c'est interdit !

Hibbert : Seulement si l'on en consomme pour le plaisir. L'usage à des fins médicales est légal dans cet État. Nous sommes même autorisés à fournir une pipe. Ho, ho, ho, ho, ho ! *[Il prend deux pipes dans son placard.]* Vous voulez le sorcier ou la tête de mort[1] ?

Ici encore, le sujet abordé est on ne peut plus brûlant, c'est un des thèmes qui reviennent régulièrement dans les médias et dans les programmes des ministères de la Santé, aux États-Unis comme chez nous. En Italie, la dernière proposition de loi de la ministre Livia Turco en faveur de l'usage thérapeutique des dérivés synthétiques du cannabis a été rudement contrée par plusieurs partis, et ce quasiment jamais pour des raisons scientifiques. De temps en temps, Springfield se montre moins hypocrite et conservatrice que la réalité qu'elle devrait parodier et, grâce au docteur Hibbert, même les médecins y font bonne figure : ouverts, au courant de l'actualité et compétents, comme le souligne la référence au Texas THC. En réalité, le fait de citer le Texas n'est que pure perfidie, quand on sait qu'il est l'État le plus prohibitionniste des États-Unis, mais le THC est en fait le tétrahydrocannabinol, c'est-à-dire le principe actif de la marijuana.

Humains, trop humains

Il existe encore un autre sujet, concernant à la fois la médecine et la société, qui revient régulièrement dans le dessin animé : celui des greffes. Dans « Touche pas à mon rein[2] », Homer se retrouve

1. Jon Vitti, « L'herbe médicinale », 7 avril 2002 (DABF11).
2. John Swartzwelder, « Touche pas à mon rein », 6 décembre 1998 (AABF04).

dans l'obligation de donner un rein à son père mourant. Le ton et l'intrigue, comme on peut s'y attendre, sont prompts à faire rire. « En plus, ils te mettront sur la liste des couillons qui donnent leurs organes. Tous ceux qui voudront un œil, une colonne vertébrale ou un gros intestin te courront après », le met par exemple en garde son collègue Lenny Leonard avant l'intervention.

Jusque-là, rien de très original. En revanche, ce qui rend cet épisode à la fois imbattable et exquisément simpsonien, c'est le réalisme psychologique avec lequel est traitée l'hésitation d'Homer devant le noble geste à accomplir, et qui contrebalance la tonalité comique. Entre culpabilité et pression des amis et parents d'une part, et panique insurmontable de l'autre, Homer est complètement tiraillé. Comme le serait n'importe lequel d'entre nous dans la même situation, au fur et à mesure que s'approcherait le moment de l'intervention qui nous enlèverait pour toujours un morceau de notre corps, bien que destiné à un être cher. C'est tout bonnement cette peur humaine, trop humaine qui, accompagnée de l'impossibilité d'éviter le pire, élève Homer au-delà de la simple parodie de l'homme blanc de la province américaine. Nous le voyons hésiter devant les portes automatiques de l'hôpital, s'avancer jusqu'à ce qu'elles s'ouvrent, faire un pas en arrière, puis de nouveau en avant, fuir encore et enfin se jeter à l'intérieur en hurlant, comme lorsqu'on se jette dans l'eau glacée, pour affronter la fatalité : pour faire de lui un minuscule héros qu'on oubliera bien vite, il lui en coûtera un rein. Voilà que dans le comique de la fiction s'ouvre une brèche d'un réalisme désarmant : tandis que nous nous tordons de rire, il devient inévitable de se demander dans quel état d'esprit nous nous approcherions de ces portes coulissantes.

Le sarcasme est bien présent. Toutefois il ne vise pas la pusillanimité d'Homer, mais plutôt l'indifférence absolue du système hospitalier envers les principes éthiques de base, notamment à l'égard du consentement du donneur. « J'étais volontaire, d'accord, mais personne ne m'a dit pour quoi faire », se lamente justement

Homer quand les implications de l'intervention deviennent claires pour lui. De ce point de vue, le sommet est atteint à la fin de l'épisode, quand on lui retire finalement son rein, contre sa volonté, alors qu'il est inconscient à la suite d'un accident de la route. Jusqu'à la fin heureuse, où l'on voit Homer sur son lit d'hôpital qui serre contre lui toute sa famille, en prononçant des paroles magnanimes : « J'ai pas besoin de deux reins. J'ai tout ce qu'il me faut sous la main. » Pourtant, les derniers photogrammes, avec un premier plan de sa main tâtant le flanc de son fils, laissent présager le pire sur la signification possible de ce « sous la main »...

En revanche, « La moumoute tueuse », une des parties de la série de science-fiction « Simpson Horror Show[1] », est d'une tout autre teneur. Serpent, un des plus dangereux délinquants de Springfield, condamné à la chaise électrique, menace de se venger de tous les gens présents au moment de sa capture. Après son exécution, ses organes sont conservés pour être transplantés. Et c'est à Homer Simpson que revient sa mèche de cheveux. Cependant, à peine implantés, les cheveux se mettent à agir sur le cerveau d'Homer, le poussant à mettre en pratique la vengeance promise par leur précédent propriétaire. Ouvrant ainsi la voie à un film d'horreur inquiétant.

Et pourtant, même une histoire aussi invraisemblable cachait une note de réalisme bien supérieure à ce que l'on pouvait imaginer, pas même peut-être les scénaristes en 1998 : en effet, en décembre 2005, une enquête a révélé au monde entier qu'en Chine, les organes des condamnés à mort étaient effectivement utilisés pour des transplantations. Avec le soupçon que, dans un entrelacement macabre de causes et de conséquences, on aurait parfois eu recours à la peine de mort afin d'avoir des organes frais et sains à transplanter.

1. Donick Cary, Josh Weinstein et David X. Cohen, « Simpson Horror Show IX », 25 octobre 1998 (AABF01).

La bêtise peut-elle être génétique ?

Vers le mois d'avril 2000, pour parler comme Virginia Woolf, « le caractère de l'humain a changé ». C'est en effet à cette époque que Craig Venter et la Celera Genomics Corporation ont annoncé que le séquençage du génome humain était achevé. En réalité, il restait encore beaucoup de travail à faire. Mais l'événement a de toute façon revêtu une importance historique non négligeable, marquant le premier objectif net dans ce qui allait devenir une course où tous les coups seraient permis et qui allait durer une dizaine d'années. Des années durant lesquelles le grand public a été impliqué par le biais d'une succession de titres retentissants sur la découverte de relations entre gènes et manifestations correspondantes, données comme presque immédiates. Et on ne parle pas ici de pathologies monofactorielles reconnues, effectivement liées à la mutation d'un seul gène, telles que la fibrose cystique, la myopathie de Duchenne ou la chorée de Huntington, mais en revanche de phénomènes complexes liés à l'orientation sexuelle, à la sphère cognitive ou, de manière plus générale, au comportement. C'est ainsi qu'a fait son apparition le gène de la timidité. Une semaine après, c'était au tour du gène de l'agressivité. Puis de celui de l'altruisme. Et encore, un gène pour l'homosexualité, un pour l'infidélité, un autre pour l'obésité et ainsi de suite. Tout cela jusqu'à ce que s'imprime dans l'imaginaire l'idée qu'à chaque condition plus ou moins pathologique, correspondrait une seule et unique prédisposition génétique, si ce n'est même une véritable cause.

Des étiquettes obscures telles que FOXO1A ou DTNBP1 ont failli devenir l'explication unique de processus on ne peut plus complexes, tels que le vieillissement ou l'intelligence. Bien sûr, quand on ne s'arrêtait pas au titre et qu'on lisait l'article en entier, l'impact réducteur perdait de sa vigueur. L'effet de l'annonce s'attardait souvent dans un parcours narratif très prévisible, dont le schéma dominant prévoyait une accroche du type « Le gène de la sympathie a été découvert », une partie centrale d'où il ressortait la plupart du temps que les expériences n'avaient pas été faites sur des êtres humains mais sur des souris ou des singes, et enfin l'immanquable conclusion bien intentionnée sur l'importance non négligeable des facteurs environnementaux et de l'histoire individuelle.

Les Simpson, naturellement, n'a pas laissé passer la tentation de tourner en dérision cette frénésie réductrice. Il en est resté un épisode, diffusé pour la première fois en 1998, un des plus riches et des plus mémorables : « La malédiction des Simpson[1] ».

Désagréablement surprise de son incapacité à résoudre une énigme très bête que tous ses copains à l'école, Bart compris, ont déchiffrée en un instant, Lisa se persuade qu'elle est en train de commencer à perdre des points dans la seule matière où elle ne craignait pas d'avoir des rivaux : l'intelligence. Trop orgueilleuse et têtue pour ignorer son échec, elle ne peut que s'interroger sur ce qui lui arrive, jusqu'au moment où une révélation de son grand-père la plonge dans le désarroi : « Oh, t'affole pas pour ça. Tous les Simpson ont le cerveau qui ramollit quand ils ont ton âge. » Bart et Homer sont des démonstrations vivantes du phénomène. En plus, l'explication du grand-père est claire et sans appel : vers huit ans, aussi ponctuels qu'une bombe à retardement, les « gènes Simpson » s'activent, causant un irrémédiable déficit cognitif à caractère dégénératif.

Lisa, incapable d'accepter passivement le triste destin qui s'offre à elle, s'adresse au docteur Hibbert pour obtenir des éclaircissements. Cependant, le bon médecin de famille n'a rien de mieux à lui proposer que de visionner un documentaire du même genre que ceux qui reviennent souvent dans la série, et qui met en scène l'éternel Troy McLure et son équipier Billy. Intitulé *Quelqu'un dans la cuisine avec ADN*, il s'agit d'une parodie des programmes de vulgarisation scientifique de piètre qualité :

1. Ned Goldreyer, « La malédiction des Simpson », cit.

Troy : Vous êtes-vous déjà demandé pourquoi les parents obèses ont des enfants obèses ? Ou pourquoi les parents chinois ont des enfants chinois ? Ce n'est pas une coïncidence, c'est à cause de l'ADN.

Billy : Mais monsieur McClure, c'est quoi l'ADN ?

Troy : Qu'est-ce que ?... Oh, salut Billy. Nous allons le découvrir ensemble... L'ADN, c'est la recette du bon Dieu pour nous créer. On prend une goutte de papa... Une pincée de maman... Puis on fait cuire pendant 9 mois et... *[Il trempe son doigt dans un liquide rose pour le goûter.]* Mmm... Ça, c'est un bon Billy !

Billy : Monsieur McClure, les lettres ADN, ça veut dire quoi ?

Après quoi, le mot FIN apparaît, devant le regard terrorisé de Troy McLure.

De l'excès de banalisation au recours à Dieu, des métaphores trompeuses au protagonisme, en passant par l'ignorance du présentateur, telles sont les principales caractéristiques des pires documentaires scientifiques qui sont représentés ici. Ce passage tourne aussi au ridicule la technique abusive qui consiste à faire commencer toute vidéo didactique par une rafale de questions, auxquelles la vidéo elle-même ne pourra d'ailleurs offrir aucune réponse. « Je n'en sais pas plus qu'avant ! », proteste en effet Lisa. « Il me faut plus d'informations ! Je ne peux pas modifier mon ADN avec les radiations du micro-ondes, par exemple ? » Cependant, tout se finira bien pour elle. Elle n'aura pas à s'exposer aux micro-ondes susceptibles de casser les liens chimiques de l'ADN, ni à affronter la découverte que la sublime bêtise de certains membres de la famille Simpson est, comme l'intelligence, une réalisation trop complexe pour être l'œuvre d'un seul gène. Au contraire, comme c'est souvent le cas dans la série quand la science entre en jeu, c'est un dénouement hyperbolique et surprenant qui remettra les choses en place : non seulement le caractère génétique de la pathologie s'avérera confirmé (grâce à une sorte d'enquête épidémiologique conduite par Homer sur ses propres parents), mais la portion d'ADN qui en est responsable sera localisée : le chromosome Y. Ainsi, le mythique « gène

Simpson » existe vraiment, mais la bêtise n'est héréditaire que chez les individus de sexe masculin. Au grand soulagement de Lisa, qui parvient enfin à résoudre l'énigme qui la tourmentait.

La pilule de bonne conduite

Malgré la richesse des allusions à la réalité qui caractérise la série, grâce au registre comique et au comportement grotesque des personnages, *Les Simpson* parvient presque toujours à maintenir la distance émotive nécessaire lorsqu'il s'agit de s'assurer que les épisodes seront regardés avec légèreté et insouciance. Les cas sont rares où la patine de la fiction est si subtile qu'elle finit par se désagréger. Quand cela arrive, l'humour devient plus amer que d'habitude, et l'amusement cède volontiers la place à l'émotion et à l'angoisse.

Dans cette veine, il y a un épisode qui sort de l'ordinaire, celui intitulé « La pilule qui rend sage[1] », dont l'intrigue tourne autour d'un médicament au nom très précis : le Focusyn. Le principe actif qu'il emploie est le metilfenidate, une molécule dont le nom commercial, ailleurs qu'à Springfield, est Ritalin : les pilules que l'on donne aux enfants américains, mais aussi désormais à beaucoup d'autres, y compris en Italie (la période d'expérimentation, en Italie, s'est achevée en 2007), pour lutter contre l'ADHD, c'est-à-dire le trouble déficitaire de l'attention, ou hyperactivité.

Produire aux États-Unis un épisode avec une intrigue aussi explicite relève d'un acte assez courageux de la part de la Fox. Nous sommes, en effet, à la fin des années quatre-vingt-dix, au beau milieu de la bagarre sur l'opportunité de traiter à l'aide de médicaments l'ADHD. Le nombre d'enfants en apparence atteints de ce syndrome aux symptômes ambigus (tellement ambigus que beaucoup, même parmi les neuropsychiatres en pédiatrie, considèrent qu'il s'agit d'une maladie « inventée ») augmente de manière exponentielle.

1. George Meyer, « La pilule qui rend sage », 3 octobre 1999 (AABF22).

Jusqu'à atteindre, aux États-Unis, 6 % de la population en âge d'aller à l'école. Un chiffre incroyable, quand on pense qu'en Europe, on estime que seul près d'un enfant sur cent serait atteint d'ADHD, et qu'à peine un sur mille pourrait obtenir un véritable bénéfice d'une thérapie pharmacologique. Au même moment, on commence à suspecter le metilfenidate (qui est, rappelons-le, une amphétamine) d'avoir comme effets secondaires indésirables l'accoutumance et l'apparition de tendances suicidaires.

Voilà donc l'atmosphère préoccupante et inquiète que l'on respire aux États-Unis en 1999, notamment le soir du 3 octobre, quand Bart se voit diagnostiqué une ADHD. Évidemment, tout le monde, les téléspectateurs aussi, s'était aperçu que Bart était un petit garçon avec « des difficultés à faire ses devoirs jusqu'au bout, à garder son bureau en ordre. Avec une tendance à se laisser distraire. Ou encore : incapacité à rester assis, silencieux, à attendre son tour[1] ». Ainsi, quand le directeur Skinner impose aux parents de soumettre Bart à une thérapie pharmacologique expérimentale, « un produit radical non testé, potentiellement dangereux, appelé Focusyn », Marge n'est pas la seule à se sentir angoissée et perplexe : « Je ne veux pas gaver mon fils de médicaments », proteste-t-elle, exprimant les sentiments de millions de fans de la série.

Cependant, ce qui la fera changer d'avis sera une visite aux laboratoires de la Pharm Team, la firme pharmaceutique qui produit le Focusyn. Là, deux aimables chercheurs lui montrent ainsi qu'à Homer les effets miraculeux du médicament sur un petit groupe de cobayes qui gambadent comme des fous : une pulvérisation de Focusyl, et les voilà qui se dirigent en rang vers un autre conteneur, une salle de classe miniature, et s'assoient dans le calme sur les bancs, pour observer fascinés et concentrés les mouvements d'une marionnette institutrice. « Il ne s'agit pas d'esclavage », précisent alors les chercheurs satisfaits. « Il s'agit d'aider des enfants à se

1. Ces symptômes font partie de ceux indiqués dans le DSM-IV, la référence discutée mais tout aussi régulièrement utilisée : American Psychiatric Association, *Manuel diagnostique et statistique des troubles mentaux*, Masson, 1996, quatrième version.

concentrer. Ces pilules réduisent les pitreries en classe de 40 %. Et l'impertinence de 60 %. » Inutile de le dire, Homer et Marge sortent du laboratoire favorablement impressionnés, et déterminés à faire entrer Bart dans l'expérimentation.

Le problème étant toutefois de le lui annoncer. Et c'est peut-être ce point qui constitue le nœud thématique le plus original et touchant de l'épisode, même s'il est rendu avec l'humour habituel. On a tout dit sur le Ritalin et les psycholeptiques à usage pédiatrique : les médecins en ont parlé (« Faut-il l'associer à une thérapie psychologique ? »), les sociologues (« Quelle est cette société où l'on soigne avec un médicament les individus trop vifs ? »), les écrivains (il suffit de penser à un classique comme *Orange mécanique* de Burgess), les politiques (« Faut-il l'introduire dans notre pays ? »), les associations de parents et les enseignants (se divisant, inévitablement, entre pour et contre). Pourtant, l'avis des enfants qui devront ensuite avaler ce médicament est le seul que l'on n'a jamais eu l'occasion d'entendre. Ou plutôt, on peut trouver des témoignages *a posteriori*, pour la plupart recueillis par les associations de familles, dans lesquels sont décrits les bénéfices de la cure en comparant l'avant et l'après. Mais au début ? Quel est l'impact du psycholeptique sur les relations familiales ? Comment explique-t-on à un enfant de dix ans que son caractère n'est plus convenable et qu'il devra avaler une pilule pour en changer ? Qui va s'en charger ? Avec quelle stratégie ? Et l'enfant, comment va-t-il réagir ?

C'est ainsi que *Les Simpson* réussit à nous donner un aperçu de ces premiers instants critiques. Et la série le fait d'une manière à la fois drôle et déchirante.

Lorsque Marge se demande comment ils vont réussir à faire prendre la pilule à Bart, Homer soutient que ce n'est « qu'une question de confiance ». Mais entre-temps il tente d'envoyer les pilules dans la bouche de son fils avec un lance-pierres… Marge proteste : ils avaient décidé de parler d'abord de ce médicament à leur fils. Sur ce Bart, soudainement sérieux, commence à comprendre :

Bart : Traitement ?
Homer : Des petits bonbons qui vont te rendre sage comme une image.
Bart : J'ai pas envie de me droguer !
Homer : Mais si, voyons ! Y'a plein de gens célèbres qui se sont drogués : Courtney Love, Tim Allen, Ben Johnson...

D'autres exemples suivent (Elvis Presley, Marilyn Monroe), mais Bart ne se laisse pas faire et se réfugie en haut d'un arbre. Homer essaye en vain de fourrer des comprimés dans un morceau de guimauve, mais son fils ne tombe pas dans le panneau. Lorsque ensuite, pour donner le bon exemple, il en prend un lui-même, il est saisi d'une attaque convulsive. Voici l'apothéose :

Marge : Trésor, si tu ne veux pas prendre ce médicament, on ne te forcera pas.
Bart : Juré ? *[Marge fait oui de la tête. Bart descend de sa cabane.]*
Marge : Mais je croyais que tu m'aimais assez pour accepter que je t'aide, mon chou...
Bart : Oh, maman !.... D'accord, je le fais pour toi.

Même en connaissant seulement un peu le caractère de Bart, orgueilleux et têtu, il n'est pas difficile d'imaginer combien cela a dû lui coûter d'accepter la demande de Marge. Cela dit, comment s'opposer à une perle de réalisme psychologique et relationnel telle que la phrase « Je pensais que tu m'aimais assez pour accepter que je t'aide » ?

De toute façon, Bart se trouve en excellente compagnie. En effet, dans sa classe, il y a un petit garçon qui prend du magnésium, un autre des hormones pour avoir la voix plus grave, un autre encore a un collier qui lance des décharges électriques... Bref, un microcosme social où, si l'on ne prend rien, on risque sérieusement de se sentir exclu. En tout cas, le Focusyl tient ses promesses : Bart devient premier de la classe, cesse de regarder les dessins animés à la télévision, et se comporte de manière éduquée. Comme le dit Homer en embrassant les miraculeux comprimés : « C'était un démon, c'est devenu un ange. Et tout ça grâce à ces pilules psychomachin... ».

Donc, tout va bien ; jusqu'à ce qu'apparaissent les premiers comportements obsessifs. Les chercheurs, inquiets de la mauvaise publicité que cela pourrait avoir pour le médicament, décident de le remplacer par une nouvelle molécule. Mais Bart, désormais dépendant, vole un stock entier de Focusyl. Et il devient de plus en plus violent. Au final, tout ira pour le mieux : « En tout cas, je te donnerai plus jamais de médicaments dangereux », promet Marge. « Dorénavant, ce sera uniquement du grand air, des tas de câlins et ce bon vieux Teralen. » Mais la conclusion est un peu faible, plus explicative que convaincante. Et elle est peut-être aussi un peu déplacée, étant donné qu'il y a sûrement quelques personnes parmi les millions de spectateurs des *Simpson* qui utilisent des analogues du Focusyl, et en tirent peut-être un certain bénéfice.

Une chose est sûre, le mérite revient aux *Simpson* d'avoir affronté un thème aussi délicat (le marché des médicaments contre l'ADHD enregistre un chiffre d'affaires avoisinant le milliard de dollars) d'une manière aussi directe, sans aucune censure ou ambiguïté. Donnant ainsi aux spectateurs un aperçu inquiétant de ce que pourrait devenir notre société si elle était laissée à la merci de « Big Pharma[1] ».

1. Néologisme employé par les médias pour désigner les principales multinationales pharmaceutiques dans leur ensemble.

CHAPITRE 4

Bière et *donuts*

À Springfield, on mange mal, et c'est encore pire en ce qui concerne la boisson. Surtout, on mange et on boit sans aucune modération. La première place, en termes d'habitudes alimentaires inconsidérées, revient naturellement à Homer, comme il était du reste facile de l'imaginer. Mais la ville entière le suit de près, avec pour seule exception Lisa et parfois Marge. On en a une bonne illustration dans l'épisode « La chasse au sucre[1] ».

Rêvant d'entrer dans le *Livre Duff des records*, et après avoir écarté certains moyens improbables d'atteindre son but (comme courir le 100 mètres en 8 secondes : éventuellement réalisable sur Mars seulement, indique Lisa), Homer décide d'impliquer toute la ville dans une tentative pour réaliser la plus haute pyramide humaine du monde. Exaltés à l'idée d'avoir quelque chose dont ils puissent se glorifier, les habitants de Springfield répondent à l'appel avec enthousiasme. Mais alors qu'il ne manque plus qu'une seconde pour battre le record, la structure précaire cède, se transformant en une effroyable boule de chair qui dévale les rues de la ville, pour terminer sa course sur une plate-forme de pesage pour camions. La balance indique alors 32 tonnes 76 kilos, offrant ainsi à Springfield un record inattendu, mais tout aussi glorieux : les Springfieldiens

1. Carolyn Omine, « La chasse au sucre », 20 janvier 2002 (DABF03).

sont « les gens les plus gros du monde ». Ces derniers sont fous de joie d'avoir gagné une place en couverture du *Livre Duff des records*. Ils portent même des tee-shirts avec l'inscription « GROS ET FIER ». Les obèses de Springfield peuvent enfin accepter leur corps tel qu'il est.

Le problème de l'acceptation de l'obésité par la société est très présent aux États-Unis, où jusqu'à la fin des années soixante il existait des associations de défense des personnes obèses, comme la National Association to Advance Fat Acceptance ou Fat Underground, nées pour combattre les nombreuses formes de discrimination, par exemple dans le travail.

Il ne faut cependant pas oublier que, à Springfield comme dans le reste du monde, l'obésité comporte beaucoup de complications d'ordre sanitaire, du diabète aux maladies cardiovasculaires, encore plus dangereuses que la discrimination sociale. Rien qu'aux États-Unis, on estime qu'environ 300 000 décès par an sont liés à des problèmes de surpoids (un peu moins que les 400 000 décès dus à la cigarette). Pas seulement ça : les décès dus au surpoids, à la différence de ceux dus à la cigarette, sont en augmentation constante[1]. En Europe aussi, on ne plaisante pas. Selon un rapport de l'OMS de 2006, ces vingt dernières années, l'obésité a triplé, prenant des proportions épidémiques[2]. Une véritable urgence donc, envers laquelle même l'Italie commence à prendre des mesures : en 2005, par exemple, le ministère de la Santé a pris l'initiative (qui a ensuite été abandonnée) de distribuer à la population des ceintures gadgets pour vérifier que le tour de taille ne dépassait pas le seuil critique de 102 centimètres pour les hommes et de 88 centimètres pour les femmes.

1. Ali H. Mokdad *et coll.*, « The Continuing Epidemic of Obesity in the United States », *JAMA*, 284 (13), p. 1650.
2. Francesco Branca, Haik Nikogosian et Tim Lobstein, *The challenge of obesity in the who European Region and the strategies for response. Summary*, WHO European Ministerial Conference on Counteracting Obesity, Istanbul, 15-17 novembre 2006. En ligne à l'adresse suivante : www.euro.who.int/document/e89858.pdf.

Encore un peu de sucre ?

Parmi les principales causes de l'augmentation récente du taux d'obésité figure la consommation excessive d'aliments hypercaloriques, sucres en tête. Il suffit de penser que la consommation annuelle de sucre a été multipliée par huit au XXe siècle, passant de 5 à 40 kg par personne (selon les données européennes de l'OMS[1]). C'est justement contre l'excès de saccharose dans la nourriture que Marge, toujours dans « La chasse au sucre », décide d'entreprendre une campagne de protestation en solitaire contre la très puissante compagnie sucrière Motherloving, une entreprise agro-alimentaire dont le siège est à Springfield. Sa rencontre avec le directeur, Gary Motherloving, résume en quelques répliques l'état d'impuissance du consommateur quand il se trouve seul à lutter, avec lucidité et naïveté à la fois, contre l'arrogance et le pouvoir du marché. « Je veux que vous cessiez de mettre tout ce sucre dans ce qu'on mange », se lamente Marge, « ou, à défaut, que vous préveniez que c'est mauvais pour la santé. Comme sur les cigarettes. » La seule réponse qu'elle obtient est une invitation caustique à retourner dans son club de couture. Pour une fois, dans *Les Simpson* aussi, le méchant est mauvais jusqu'au bout.

Mais c'est sans compter sur l'obstination de Marge, qui ne cède pas et entame un recours collectif en justice contre la compagnie sucrière de Motherloving. Le scénario fait référence au cas d'Erin Brokovich et, en l'occurrence, au film du même nom[2], avec Marge dans le rôle de Julia Roberts (d'ailleurs, tout comme le personnage du film, Marge a trois enfants) et le sucre à la place du chrome hexavalent. Ainsi, Marge réussit à démontrer devant la cour, grâce au témoignage du professeur Frink en scientifique repenti, que l'édulcorant utilisé par la compagnie Motherloving a été modifié exprès dans le but de générer une dépendance.

1. *10 things you need to know about obesity*, WHO European Ministerial Conference on Counteracting Obesity, Istanbul, 15-17 novembre 2006. En ligne à l'adresse suivante : www.eur.who.int/Document/NUT/ObesityConf_10things_Eng.pdf.
2. Le film, réalisé par Steven Soderberg et qui a remporté en 2001 l'oscar de la « meilleure actrice » (Julia Roberts), est sorti en 2000 ; l'épisode des *Simpson* date de 2002.

À ce propos, il vaut la peine d'observer que l'idée que le sucre puisse générer une sorte de dépendance (pas seulement psychologique) n'est pas si nouvelle que ça : une étude menée par l'université de Princeton[1], en 2002, a démontré que l'absorption de sucre stimule, du moins chez les souris, la production d'opioïdes endogènes, amorçant ainsi un processus similaire à celui qui est à l'origine de la dépendance à la morphine ou à l'héroïne.

En tout cas, et selon un schéma récurrent dans *Les Simpson*, la sentence du juge de Springfield est si sévère qu'elle a des effets encore pires que le problème qu'elle voulait résoudre : l'interdiction totale du sucre dans toute la ville. Une forme de prohibition sans compromis, qui se démontre bien vite irréalisable. Surtout dans un dessin animé où, s'il y a bien un aliment qui joue un véritable rôle, c'est le sucre.

Dans « Scout un jour, scout toujours[2] », par exemple, Bart et son meilleur ami, Milhouse, tournent sur eux-mêmes pendant tout l'épisode, étourdis par une hyperglycémie provoquée par le Fruishee, un sirop au taux glycémique vertigineux. Dans « La rivale de Lisa[3] », Homer vole 200 kg de sucre dans un camion qui s'est retourné dans la rue, et il essaye de le vendre en faisant du porte-à-porte. On retrouve Bart aux prises avec le sucre, cette fois-ci sous forme de bloc à sculpter, dans « 22 courts-métrages sur Springfield[4] ». Rien de surprenant donc au fait que Marge, dans la scène finale de « La chasse au sucre », se retrouve obligée de céder et d'autoriser ses enfants, alors en crise d'abstinence, à prendre un bain de sucre : « On ne peut pas transformer les gens avec des lois. Il faudrait peut-être que j'arrête de vouloir changer le monde. »

1. C. Colantuoni *et coll.*, « Evidence That Intermittent, Excessive Sugar Intake Causes Endogenous Opioid Dependence », *Obesity Research*, 10, 2002, p. 478-488.
2. Dan McGrath, « Scout un jour, scout toujours », 18 novembre 1993 (1F06).
3. Mike Scully, « La rivale de Lisa », 11 septembre 1994 (1F17).
4. Greg Daniels, « 22 courts-métrages sur Springfield », déjà cité.

Le bon exemple, et le mauvais...

En revanche, parmi ceux qui ne se sont pas du tout résignés à tenter de modifier le régime des enfants américains, quitte à passer pour ridicules, on trouve un groupe de nutritionnistes de l'université de Rutgers, dans le New Jersey. Après avoir analysé toutes les références à la nourriture présentes dans un échantillon pris au hasard de soixante-trois épisodes des *Simpson*, ces chercheurs en sont arrivés à la conclusion suivante : alors même que l'obésité s'apprête à prendre la place du tabac comme principale cause de décès évitables, Homer Simpson ne cesse de promouvoir un régime insensé, composé de *donuts* et de bière[1]. À en croire les nutritionnistes de la Rutgers, qui s'étaient déjà occupés dans le passé de la relation entre spots publicitaires et habitudes alimentaires[2], il s'agit surtout de l'influence que la télévision peut exercer sur les plus jeunes.

Difficile de ne pas partager leurs craintes, surtout quand on considère que c'est justement l'obésité infantile qui a enregistré la plus forte augmentation ces dernières années. Tout comme il est certain que l'un des principaux facteurs responsables du surpoids chez les plus jeunes est ce qu'on appelle la *junk food*, ou « malbouffe » : des gâteaux extra-sucrés aux sodas, jusqu'aux menus de fast-food, stigmatisés en 2004 dans le film documentaire de Morgan Spurlock, *Super Size Me*.

En même temps, il semble un peu exagéré d'affirmer que *Les Simpson* a contribué significativement à cette dérive calorique seulement parce que les personnages se goinfrent de la pire façon qui soit. Si le processus qui influençait le jeune public était véritablement aussi linéaire, cela pourrait fonctionner également de manière positive. Il existe, en effet, de nombreux cas où la série propose un modèle de santé, de manière plus ou moins indirecte,

---

1. C. Byrd-Bredbenner, M. Finckenor et D. Grasso, « Health Related Content in Prime-Time Television Programming », *Journal of Health Communication*, 8, 2003, p. 329-341.
2. C. Byrd-Bredbenner, M. Finckenor et D. Grasso, « What Is Television Trying To Make Children Swallow ? A Content Analysis Of Nutrition Information Embedded In Prime-Time Advertisements », *Journal of Nutrition Education*, 32, 2000, p. 187-195.

en reprenant les mesures mises en œuvre ces dernières années par les gouvernements de plusieurs pays pour enrayer le phénomène de l'obésité infantile. Comme la lutte sans quartier contre la *junk food* entreprise par Blair en 2006, imposant à l'industrie alimentaire de mettre au point un code d'autoréglementation sur l'usage des espaces publicitaires. Ou des campagnes du genre de celle qui a été lancée en Italie par le ministère de la Solidarité sociale et par l'Union italienne du sport pour tous (dont le slogan disait : « Bougeons-nous ! Un style de vie plus actif pour les enfants et les familles »), qui visait à promouvoir la pratique d'une activité physique régulière et une alimentation correcte par le biais du jeu.

En ce sens, l'exemple le plus explicite se situe au début de l'épisode « Fou de foot[1] ». Produit en 1997, il contient déjà toutes les indications sur l'alimentation et le style de vie avec lesquelles les politiques de prévention de nombreux pays ont plus tard tenté de freiner l'augmentation inquiétante de l'obésité infantile. Les premières minutes de l'épisode se déroulent dans les stands d'animation de la Foire de la santé de Springfield. Un temple de la prévention, dans lequel on aperçoit, dans l'ordre, des stands pour contrôler gratuitement sa capacité pulmonaire, sa pression sanguine, sa santé mentale (avec une banderole demandant « Êtes-vous fous ? »), son identité sexuelle ou encore son taux de cholestérol. Au stand suivant, test d'audition, leçons de secourisme, et enfin « Fit or fat ? », le stand le plus prisé des enfants : une petite salle de sport où mettre à l'épreuve sa préparation athlétique. La principale attraction du stand est le très bodybuildé Rainer Wolfcastle, un acteur autrichien devenu l'idole des jeunes de Springfield grâce aux films d'action dans lesquels il interprète Mc Bain, un policier violent et tout en muscles. Parodie explicite d'Arnold Schwarzenegger, dans cet épisode, Wolfcastle prête sa notoriété à la lutte contre l'excès de graisse en hausse chez les enfants et adolescents de Springfield. Et il le fait en collant des étiquettes avec écrit « FAT » sur tous les enfants incapables de faire

1. Donick Cary, « Fou de foot », 9 novembre 1997 (5F03).

une flexion, qui ont du ventre, ou, comme dans le cas de Bart, sur ceux auxquels il suffit de tenter de se plier en deux pour se retrouver le pantalon déchiré à cause de l'excès de graisse de leur postérieur. Le bilan du stand de Wolfcastle est dramatique. Comme le résume Kent Brockman au cours de son émission « My Two Cents » dans un spécial Fête de la santé, « Springfield est dans un état lamentable, en particulier nos jeunes garçons... Si vous voulez mon avis, il est grand temps que nos lardons pleins de lard retrouvent la forme et s'adonnent à des activités amusantes, comme le service militaire, les danses endiablées ou notre bon vieux football américain ».

Le voilà pris au pied de la lettre : le reste de l'épisode raconte les exploits sportifs de Bart et de ses amis à la recherche de l'agilité perdue (même si certains, comme Milhouse, préféreraient de loin avoir recours directement à la liposuccion). On a donc ici affaire à un scénario presque trop didactique, en ce sens qu'il entend inciter les jeunes à adopter un meilleur style de vie. En revanche, d'un point de vue strictement esthétique, cet épisode ne fait pas partie des meilleurs de la série.

Prisonnier dans un corps de gros

Comme nous l'avons déjà dit, en tête de l'excès alimentaire, dans la ville des habitants les plus gros du monde, on trouve Homer. Dans son cas, le rapport à la nourriture est obsessionnel et teinté de connotations parfois amoureuses, voire érotiques, au point de dépasser le stade de la simple gourmandise pour entrer dans le domaine de la pathologie. C'est une forme de boulimie extrême, mais dénuée de tout sentiment de culpabilité ou de symptôme de mal-être. Car, comme le chantait Walt Whitman dans *Feuilles d'herbe*, Homer non plus n'arrive pas à trouver un gras plus aimable que celui qui est attaché à ses propres os. En même temps, sa voracité est une métaphore efficace du consumérisme effréné et acritique qui envahit toute la série.

Dans l'imaginaire collectif, l'aliment de prédilection d'Homer, outre la bière Duff, est le célèbre *donut* (ces beignets qu'il avale sans cesse, et pour lesquels il a même fini par vendre son âme au diable). Mais les aliments auxquels il ne sait pas résister sont en réalité beaucoup plus nombreux. À commencer par le sandwich dans tous ses états. Comme le Krusty Ribwich, un *burger* à la côte de bœuf, qu'il n'hésite pas à faire passer avant son amour pour sa fille[1]. Ou encore le répugnant sandwich périmé depuis des mois, retrouvé par Marge derrière un radiateur, qu'Homer s'obstine compulsivement à consommer alors que les symptômes provoqués par la vieille mayonnaise se font de plus en plus préoccupants[2].

Parmi les épisodes qui mettent en scène la relation maladive qu'entretient Homer avec la nourriture, le plus paradigmatique est peut-être le désormais légendaire « Un super Big Homer[3] », un des plus réussis de toute la série. Désespérément à la recherche d'un moyen d'échapper à un programme d'entraînement sportif auquel M. Burns a décidé de soumettre tous les employés de la centrale nucléaire, Homer tombe sur le manuel *Am I Disabled ?* (« Suis-je handicapé ? »). Un titre délicieusement américain, pour une lecture qui peut peut-être lui offrir non seulement la dispense d'activité sportive tant espérée, mais aussi la possibilité de travailler à la maison :

Homer : Le syndrome du tunnel carpien, non... La mastite des maçons, non... La tremblote du jongleur, non... La bassinée du bassin, non... Oh, je ne serai jamais un handicapé ! J'en ai marre d'être en bonne santé... Eh, tiens... Hyper-obésité... Si vous pesez plus de 130 kg, vous êtes considéré comme étant handicapé.

Homer prépare sa revanche, pesant déjà un bon quintal, seuls trente petits kilos le séparent de la demande de télétravail. C'est ainsi que commence son programme de prise de poids délirant : une

1. Kevin Curran, « La reine de l'orthographe », 16 février 2003 (EABF07).
2. David M. Stern, « Le choix de Selma », déjà cité.
3. Dan Greaney, « Un super Big Homer », déjà cité.

parodie hilarante des divers régimes amincissants du type « Objectif maillot de bain » ou « Perdez 5 kg en 30 jours ». À commencer par les réactions de la famille, qui représentent une synthèse parfaite de la diversité chez les Simpson. Bart est enthousiaste, il y a là de quoi s'amuser : « Eh, 'pa, je sais qu'on fait pas grand-chose ensemble, mais réussir à te faire gagner 29,5 kg, ça, c'est un truc qui me branche. » Lisa s'inquiète des conséquences que le régime pourrait avoir sur la santé de son père, et elle est aussi un peu scandalisée d'un point de vue éthique, étant donné qu'Homer essaye en fait de profiter d'un programme mis en place pour les personnes ayant de graves difficultés. La réponse d'Homer aux objections de sa fille est sublime : « Hi, hi… Je reconnais que ce n'est pas joli-joli, chérie », lui explique-t-il. « Mais mets-toi à ma place, toute ma vie j'ai été un obèse prisonnier dans un corps de gros. »

Pour libérer cet « obèse qui est en lui » sans courir de risques, Homer sait qu'il va avoir besoin d'un médecin. Un professionnel disposé à le considérer comme un individu « dangereusement en dessous de son poids normal » et à lui prescrire un régime grossissant rapide. Et il le trouve en moins de temps qu'il ne faut pour le dire : c'est le docteur Nick Riviera, bien sûr. C'est là que démarre un programme intense de gueuletons hypercaloriques, constitués « d'aliments délaissés, tels que la crème chantilly, les huiles de cuisson, les Pères Noël en chocolat… » « Brosse-toi les dents avec du yaourt aux fruits ! », suggère Bart, qui se montre très coopératif. « Hé… toi aussi tu as été à l'école de médecine de Rigole-Hollywood ? », s'exclame le docteur Nick enthousiasmé. Puis il se tourne vers Homer : « Et n'oubliez pas, si vous n'êtes pas sûr d'un produit, frottez-le contre un bout de papier. Si le papier devient translucide, c'est que le produit vous fera gagner du poids. » Grâce aux précieux conseils du docteur et à sa forte motivation, Homer réussira finalement à dépasser les 130 kg et à obtenir de travailler chez lui.

Serait-ce donc un épisode enseignant de mauvaises habitudes alimentaires ? C'est probablement ce qu'en ont pensé les chercheurs de l'université de Rutgers. Il est certain que les informations sur la valeur énergétique des aliments, bien que dénaturées ici par une finalité qui est à l'exact opposé de celle d'un régime normal, abondent d'une manière insolite, surtout pour un dessin animé. Autrement dit, l'enfant qui regarde cet épisode en dévorant un gros beignet ou une portion de frites, et qui remarque que son papier d'emballage devient transparent, risque véritablement de se rendre compte de la teneur en calories de ces aliments, et cela bien plus efficacement que si on lui avait dit à l'école ou à la maison qu'un beignet à la crème n'est pas un goûter très diététique.

Bref, *Les Simpson* n'est peut-être pas une émission qui éduque, mais plutôt qui informe. Sans compter que, s'il est difficilement imaginable que des épisodes comme « Un super Big Homer » puissent exercer une influence directe sur le public (à moins qu'un téléspectateur n'ait une raison valable de vouloir dépasser les 130 kg), il est loin d'être impossible que la réaction engendrée soit opposée.

En effet, comme le faisait remarquer un maître de la communication paradoxale, Paul Watzlawick, dans un passage mémorable de *Pragmatique de la communication humaine*[1], il existe substantiellement deux manières de modifier le comportement d'une personne. La première consiste à tenter de la faire agir différemment ; mais si le sujet n'est pas en mesure de contrôler son comportement, cette manière a tendance à échouer. L'autre façon consiste, au contraire, à la faire agir comme elle le faisait déjà. Autrement dit : qui sait si, encouragés contre toute attente à s'empiffrer outre mesure d'aliments hypercaloriques, les spectateurs n'auront pas envie de se mettre au régime par eux-mêmes…

Bien que cela semble incroyable, de temps en temps, Homer lui-même décide de perdre quelques kilos. Et quand il le fait, il ne s'économise pas. Cela arrive, par exemple, dans l'épisode « Le pinceau qui tue[2] », suite à un malencontreux essai de maillot de

1. Paul Watzlawick, Janet Beavin et Don Jackson, *Pragmatics of Human Communication*, W.W. Norton & Co., New York, 1967, p. 237.
2. Brian Roberts, « Le pinceau qui tue », 11 avril 1991 (7F18).

bain (« Ton slip de bain ne laisse pas beaucoup de place à l'imagination... », commente Marge) et à une journée à la piscine encore plus désastreuse, durant laquelle il reste coincé dans le tuyau d'un toboggan aquatique. Lorsque son soupçon d'avoir « un petit peu trop de poids » se voit confirmé par la balance (118 kg) et par le silence embarrassé du reste de la famille, Homer plonge dans le plus profond désespoir, à tel point que Marge tente de lui remonter le moral en disant sur un ton consolateur que c'est son squelette qui doit peser lourd. Mais pour une fois, Homer ne veut pas continuer à se faire des idées : « Marge, personne n'a jamais eu 15 kg d'os... Je me mets au régime », observe-t-il avec une lucidité inédite. C'est ainsi que commence un programme intense de récupération de son poids de forme, à base de légumes à la vapeur et de galettes de riz, de séances de musculation et de saut à la corde, avec en fond sonore la bande originale de *Rocky*. Et malgré quelques incartades occasionnelles, ce régime lui permettra de perdre 20 kg.

Crédibilité du parcours minceur à part (ça vaut quand même la peine de noter qu'Homer associe correctement régime alimentaire et activité physique), la touche de réalisme, dans cet épisode, est avant tout attribuée à l'engagement des autres personnages dans le jeu. Comme l'a montré une grande étude scientifique publiée en 2005 dans *The Journal of the American Medical Association*[1], en effet, ce n'est pas tant le régime choisi qui garantit des résultats, que la ténacité mise à l'observer. Dans le cas d'Homer, la motivation qui lui permet d'atteindre son objectif ambitieux est poussée par les encouragements constants de ses proches, qui pour une fois peuvent être sincèrement fiers de ce qu'entreprend leur héros. Un travail de soutien éprouvant, mais récompensé par l'enthousiasme d'Homer quand il arrive à 98 kg : « Regarde, j'ai encore resserré ma ceinture de 2 crans ! »

1. M.L. Dansiger *et coll.*, « Comparison of the Atkins, Ornish, Weight Watchers, and Zone Diets for Weight Loss and Heart Disease Risk Reduction : A Randomized Trial », *JAMA*, 293, 2005, p. 43-53.

La famille Simpson est peut-être la famille dysfonctionnelle par excellence, mais quand ils sont face à de rudes épreuves, ils montrent que cela peut aussi très bien fonctionner pour eux.

C'est toujours l'heure d'une Duff

Si entre les sandwichs, les saucisses, les gambas et les *donuts*, le rapport trouble d'Homer avec la nourriture n'en est pas moins éclectique, en ce qui concerne l'alcool, l'objet de sa dépendance est unique : la bière Duff. La raison est vite dite : à Springfield, la marque Duff a le monopole. On n'en parle pas comme d'une boisson alcoolisée parmi tant d'autres, mais comme de *la* boisson alcoolisée. Grâce à une stratégie agressive de marketing et à des décennies de règne incontesté, la Duff a en effet réussi à s'imposer non seulement en tant que boisson, mais aussi et surtout en tant que marque, au sens moderne du terme : un produit qui, avant même d'être vendu, doit être « aimé ». La présence de la Duff, tout au long de la série, est constante et envahissante : des spots TV aux innombrables événements dont elle est le sponsor, jusqu'aux visites guidées de l'usine.

C'est justement lors d'une visite à l'usine Duff (pendant les heures de travail) que débute, parmi tous les épisodes qui font directement référence à l'alcoolisme, celui où le thème est abordé d'une manière plus articulée : « Ne lui jetez pas la première bière[1] ». Comme c'est souvent le cas dans les scénarios des *Simpson*, il y a en fait deux histoires qui sont racontées, deux intrigues parallèles, autonomes et de même valeur, dans le sens qu'aucune des deux ne prévaut sur l'autre, même en termes de temps. Elles sont autonomes; mais à bien y réfléchir, elles sont aussi subtilement reliées par un thème sous-jacent: le conditionnement.

Une des deux histoires, dont nous parlerons plus loin, relate une expérience scientifique menée par Lisa au cours de laquelle Bart est

1. David M. Stern, « Ne lui jetez pas la première bière », 18 février 1993 (9F14).

soumis à un conditionnement classique pavlovien, avec son lot de stimuli, de réponses « conditionnées » et de créations de phobies.

L'autre intrigue donne son titre à l'épisode et commence, à proprement parler, par la visite de la brasserie Duff. Le personnage principal est Homer, arrêté pour conduite en état d'ébriété, condamné pour un mois à ne plus boire de bière. On y voit à l'œuvre à la fois le conditionnement visant à ce qu'Homer reste un consommateur de bière, par le biais d'incitations continuelles à boire (à la télévision, au stade, dans la rue, à la taverne avec ses amis), et les méthodes de déconditionnement auxquelles Homer se soumet, avec perplexité et frustration, afin de surmonter sa dépendance. Le sarcasme des *Simpson* rompt alors avec l'impartialité et l'irrévérence habituelles.

L'hypocrisie d'une société qui condamne durement en paroles l'abus d'alcool, mais qui semble faire exprès d'encourager sa consommation, par exemple, est résumée sur l'affiche promotionnelle double face où alternent sans arrêt le message préventif « Ne laissez pas vos amis conduire saouls » et le slogan commercial « C'est toujours l'heure d'une Duff ». On ne nous épargne pas néanmoins la naïveté et l'inefficacité de certaines interventions directes telles que l'administration forcée de documentaires truculents avec des accidents de voiture à cause de l'alcool au volant: en théorie étudiés pour faire passer l'envie de boire, en pratique source d'amusement intense pour Homer, qui s'en délecte comme s'il s'agissait de films d'action. Sans parler de la thérapie de groupe, une représentation parodique des réunions d'alcooliques anonymes, animée par l'ancien alcoolique Ned Flanders, qui ne boit plus depuis quatre mille jours. Homer s'enfuit terrorisé de la réunion lorsqu'il comprend que, grâce à leur aide, « il ne touchera plus jamais une bière ».

Pourtant, Homer parviendra à mener à bien le projet, en perdant même quelques kilos. Il y arrivera, comme habitude, grâce aux encouragements de sa famille, et en particulier ceux de Marge. Lors d'un interrogatoire auquel le soumet sa femme, nous avons pour la première fois la confirmation qu'Homer n'est pas simplement un amoureux de la bière, mais un véritable alcoolique[1]. Les questions que lui pose Marge sont, en effet, celles classiques que l'on pose à un présumé alcoolique dans la vie réelle pour évaluer la gravité de la situation : « Tu bois quand tu es seul ? », « Tu as besoin d'une bière pour t'endormir ? », « Tu caches des bières dans la maison ? », « Ça t'arrive de boire pour échapper à la réalité ? » Faut-il le préciser, les réponses d'Homer, qu'ils donnent tout en extrayant deux cannettes de la chasse d'eau des toilettes, sont toutes affirmatives.

Ainsi, cet épisode est lui aussi, si ce n'est éducatif, informatif sur un problème qui touche les États-Unis, où au cours de sa vie au moins une personne sur trois a eu des problèmes d'alcoolisme[2].

En revanche, l'épisode « Sobre Barney (Alcooliques non anonymes[3]) » est éducatif et beaucoup moins convaincant. C'est l'improbable tentative de renonciation à la bière de Barney, le plus fidèle client de la taverne de Moe, qui y est racontée. Un choix de scénario peut-être dû à la gravité du problème de l'alcool, ou bien est-ce un moyen d'essayer d'atténuer le message véhiculé indirectement par la sympathie que suscitent les buveurs de bière de la série, Homer et Barney en tête ? C'est en fait un final dans le parfait style Simpson qui sauve cet épisode de l'excès de moralisme, avec Homer ivre mort qui, perché la tête en bas à un hélicoptère piloté par Barney, sauve Bart et Lisa d'un incendie.

Quant à Bart et Lisa, on observe qu'il leur arrive aussi de boire un coup de temps en temps. Par exemple, c'est arrivé à Lisa lors de la première visite de la famille en Italie. Intitulé « Vendetta[4] », cet

1. Ce qui sera encore confirmé dans plusieurs épisodes ultérieurs, par exemple : Matt Warburton, « Le gay pied », 13 avril 2003 (EABF12), où Homer finit à l'hôpital pour une intoxication à l'alcool.
2. Pourcentage ressortant d'un sondage effectué auprès de 40 000 personnes par le National Institute on Alcohol Abuse and Alcoholism et publié récemment dans : Deborah S. Hasin *et coll.*, « Prevalence, Correlates, Disability, and Comorbidity of DSM-IV Alcohol, Abuse and Dependence in the United States : Results From the National Epidemiologic Survey on Alcohol and Related Conditions », *Arch. Gen. Pchychiatry*, 64, 2007, p. 830-842.
3. Deb Lacusta et Dan Castellaneta, «Sobre Barney (Alcooliques non anonymes) », 9 avril 2000 (BABF14).
4. John Frink, « Vendetta », 11 décembre 2005 (HABF02).

épisode est tissé de stéréotypes pittoresques (la tour de Pise, Pompéi, les villages toscans, les pâtes et les pizzas), et il ne vaut le détour que pour la présence de Maria Grazia Cucinotta[1] qui double la femme italienne de Tahiti Bob, aussi bien dans la version originale que dans la version italienne.

Toutefois, malgré tous les lieux communs que contient cet épisode, il faut reconnaître que le cliché selon lequel il y aurait en Italie une grande indulgence à l'égard de la consommation d'alcool par les plus jeunes comporte une bonne dose de vérité : en effet, presque un enfant italien sur cinq, entre onze et quinze ans, déclare avoir déjà absorbé des boissons alcoolisées[2]. Rien de particulièrement étonnant, donc, au fait que Marge, contrariée au départ de voir le verre de sa fille se remplir de chianti, cède bien vite à Tahiti Bob qui l'invite à se montrer moins rigide, avec le soutien de Bart qui s'exclame : « Oui, c'est ça l'Italie ! »

À vrai dire, les États-Unis ne sont pas plus vertueux en la matière : là-bas aussi, à quatorze ans, un adolescent sur quatre a déjà bu de l'alcool[3]. Et, pour en revenir à nos Simpson, la petite Lisa n'a pas eu besoin d'attendre de visiter la Toscane pour faire l'expérience de sa première cuite. Son baptême du feu a lieu dans « Le choix de Selma[4] », lors d'une promenade dans les jardins Duff, où elle se retrouve la cible de messages publicitaires adressés aux enfants et incitant à l'abus d'alcool : dans les jardins Duff, même le ruisseau est fait de bière.

Bart, quant à lui, va connaître les effets secondaires de l'alcool pour la première fois à la fête de la Saint-Patrick, dans l'épisode « Homer, le baron de la bière[5] » : on l'y voit dans un état pitoyable au journal de Channel 6, avec pour légende : « Un petit garçon ivre

1. Actrice italienne, très célèbre dans son pays, qui a notamment joué dans *Le Facteur* de Massimo Troisi, et dans le James Bond *Le monde ne suffit pas*. (N.d.T.)
2. ISTAT, *L'uso e abuso di alcol in Italia*, Roma 2005.
3. National Institute On Drug Abuse, *Monitoring the Future. National Survey Results on Drug Use, 1975-2005*, Bethesda 2005.
4. David Stern, « Le choix de Selma », déjà cité.
5. John Swartzwelder, « Homer, le baron de la bière », 16 mars 1997 (4F15).

en direct ». Au grand déplaisir de Marge, honteuse, qui s'inquiète à l'idée de passer pour la plus mauvaise mère du monde, et ce malgré les paroles réconfortantes d'Homer : « Oh chérie, t'es pas la plus mauvaise mère du monde, voyons. Y'a cette femme en Géorgie qui a congelé ses gosses. » D'ailleurs, ce n'est certainement pas elle qui prononcerait une parole aussi sage que « Fiston, quand on participe à une épreuve sportive, l'important c'est pas de gagner ou de perdre, c'est de se saouler à mort[1] ! »

Si l'un de vous est tombé dans le coma...

En parlant d'intoxications alimentaires, en Italie, le premier empoisonnement à grande échelle fut provoqué par notre boisson nationale par excellence, le vin. En effet, l'histoire inquiétante du vin au méthanol remonte au mois de mars 1986. Il s'agit d'un véritable scandale alimentaire qui causa la mort de dix-neuf personnes et en rendit aveugles quinze autres. Avec la catastrophe nucléaire de Tchernobyl, qui eut lieu quelques semaines plus tard, la fraude du vin au méthanol marqua le début d'un climat de suspicion et de méfiance à l'égard des aliments qui dure encore aujourd'hui, corroboré par la répétition de scandales analogues : vache folle, œufs à la putrescine, épices contenant le colorant cancérigène Rouge Soudan 1, ou lait contaminé par de l'encre.

Les aliments contaminés ou dangereux sont un thème que l'on rencontre fréquemment dans *Les Simpson*. Parfois, comme dans le cas du Krusty Burger à la vache folle qui provoque les convulsions d'Homer dans « La guerre pour les étoiles[2] », il ne s'agit que d'une allusion, qui possède pourtant un grand impact visuel : la maladie de Creutzfeld-Jakob, suite à certains reportages britanniques terrifiants également diffusés en Italie, est désormais justement associée dans l'imaginaire collectif à des symptômes tels que les tremblements et les convulsions. En d'autres occasions, cependant, l'intoxication devient

1. John Swartzwelder, « Mon pote l'éléphant », 31 mars 1994 (1F15).
2. Dan Greaney et Allen Grazier, « La guerre pour les étoiles », 30 mars 2003 (EABF11).

le thème central d'épisodes entiers. C'est le cas dans « L'espion qui venait de chez moi[1] ». Bart, envoyé à l'étranger dans le cadre d'un programme d'échanges culturels, se retrouve à travailler dans un vignoble de la campagne française où les propriétaires ajoutent de l'antigel au vin avec des effets très similaires à ceux du méthanol : pour s'assurer qu'ils n'ont pas exagéré sur le dosage, ils en font boire un verre à Bart, puis vérifient qu'il n'a pas perdu la vue. À la fin, c'est le petit Simpson lui-même qui dévoilera l'escroquerie, faisant ainsi la couverture de *Newsweek*.

D'autres intoxications alimentaires plus ou moins graves représentées dans la série ont pour responsables divers aliments, comme les huîtres contaminées[2], le poisson Fugu empoisonné[3] ou encore le lait de souris servi à la cantine de Springfield dans « Homer, garde du corps[4] ».

Mais, de tous les aliments dangereux, la première place revient sans aucun doute aux produits de la marque Krusty, une véritable association de malfaiteurs, sponsorisée par le chouchou des enfants de Springfield, Krusty le Clown. En plus du Krusty Burger à la vache folle déjà cité, on trouve en effet, dans « Homer perd la boule[5] », le Chew-Goo, le chewing-gum de la ligne Krusty : « On savait qu'il contenait des œufs d'araignée », est forcé d'avouer Krusty le Clown, « mais, le virus Hanta… j'avoue qu'on est tous tombés à la renverse ! Alors, que ceux qui sont paralysés ou dans le coma envoient leur ticket de caisse et 20 dollars à "Antidote, boîte postale 28…". »

Il est intéressant de remarquer que l'hantavirus, transmis par des rongeurs infectés et responsable d'un syndrome pulmonaire potentiellement mortel (la mortalité peut atteindre 50 %), a été isolé pour

1. George Meyer, Sam Simon, John Swartzwelder et Jon Vitti, « L'espion qui venait de chez moi », 15 avril 1990 (7G13).
2. Rachel Pulido, « Pour quelques bretzels de plus », 6 avril 1997 (4F09), épisode où les huîtres servies à la fête d'anniversaire de Martin envoient à l'hôpital la quasi-totalité des invités.
3. Ingéré par Homer – dans Neil Scovell, « Un poisson nommé Fugu », 25 janvier 1991 (7F11) –, ce poisson a failli le tuer après vingt-quatre heure d'empoisonnement.
4. Ron Hauge, « Homer, garde du corps », 20 décembre 1998 (AABF05).
5. Al Jean, « Homer perd la boule », 14 novembre 1999 (BABF02).

la première fois en Amérique en 1993, quelques années seulement avant que cet épisode ne soit diffusé. Un exemple de plus du recours ponctuel à la réalité contemporaine dans les scénarios des *Simpson*, pour des références si fugaces qu'elles passent inaperçues.

En revanche, l'attention accordée à un autre produit très dangereux de la gamme Krusty est loin d'être fugace ; on veut parler ici des céréales Krusty, le must du petit-déjeuner de tous les enfants de Springfield. À l'intérieur des boîtes, comme pour toute marque de céréales qui se respecte, il y a toujours un cadeau qui, à l'époque de l'épisode « À travers Springfield[1] », s'avérait être une céréale en métal déchiqueté, comme on peut le voir sur les premiers photogrammes.

Conformément à la thèse de Tchekhov selon laquelle si, dans le premier acte, on voit un fusil posé contre le mur, on peut être sûr qu'avant le troisième acte, il aura été tiré un coup de ce fusil, la céréale de métal déchiqueté finit par être avalée par Bart. Les premiers symptômes de mal de ventre de Bart sont immédiatement pris pour excuse pour ne pas aller à l'école. C'est ainsi qu'il se retrouve à l'infirmerie, où l'atroce cuisinière Doris (reconvertie pour l'occasion en infirmière pour cause de restrictions budgétaires) n'a rien de mieux à lui proposer que du Prozac à mâcher pour enfants (sous la forme « souris [rose] maniaco-dépressive ou oiseau bleu de la tristesse[2] »).

À ce propos, et comme nouvelle preuve de la finesse du flair des scénaristes quant aux tendances de la société américaine, rappelons que, bien que l'usage pédiatrique de la fluoxétine (le principe actif du Prozac) n'ait été approuvé par la FDA qu'en 2003, à l'époque où cet épisode fut diffusé pour la première fois, c'est-à-dire en 1995, on enregistrait une augmentation préoccupante des prescriptions non

1. Mike Reiss et Al Jean, « À travers Springfield », 30 avril 1995 (2F32).
2. Bien que la scène du choix entre les deux pilules semble faire fidèlement écho à celle, bien plus célèbre, de *Matrix* dans laquelle Morpheus propose à Neo la pilule rose et la pilule bleue, si influence il y a eu, c'est aux *Simpson* que revient la paternité : *Matrix* date de 1999, cet épisode de 1995.

agréés (pour des indications non autorisées dans la notice du médicament) de l'antidépresseur à des enfants entre six et douze ans.

Mais Bart n'est pas dépressif : il n'a qu'une inflammation aiguë de l'appendicite. Une intervention chirurgicale rapide (avec la musique d'*Urgences* en bande-son et l'interversion désormais habituelle des gaz anesthésiants en salle opératoire, dont nous avons déjà parlé au chapitre précédent) et tout semble réglé.

Si ce n'est que nous sommes aux États-Unis, la patrie des causes légales intentées aux compagnies par les consommateurs : un tel fait ne peut pas être passé sous silence. À peine le temps de sortir de l'hôpital, et voilà Bart en direct à la télévision, accompagné de l'avocat rapace Lionel Hutz, à une conférence de presse enflammée avec Krusty le Clown, à qui une journaliste demande sur-le-champ de rendre compte de l'accident.

D'autre part, parmi les innombrables situations que *Les Simpson* réussit à parodier magnifiquement, il y en a une où la série n'a pas de rivale, il s'agit de la communication sur le risque. Dans les règles de base d'une communication efficace sur le risque, on trouve la crédibilité de la personne, ou de l'agence, à laquelle est confiée la communication elle-même[1]. Ce qui devrait exclure tout sujet à la merci d'un évident conflit d'intérêts : qui se sentirait hors de danger après avoir vu Francesco Amadori[2] mordre dans une cuisse de poulet (comme c'est arrivé au moment de la grippe aviaire), ou après avoir entendu un éleveur bovin garantir que la viande bovine de son pays n'a jamais été aussi saine ? Pourtant, malgré ses défauts, on ne cesse d'avoir recours à cette stratégie, dont les scénaristes des *Simpson* ne manquent pas de se moquer. Comme nous l'avons déjà vu dans le premier chapitre à propos du poisson à trois yeux et comme cela se

1. Voir par exemple : Peter Sandman, « Risk communication », déjà cité, et du même auteur : « Risk = Hazard + Outrage », déjà cité. Sur le risque alimentaire, voir Giancarlo Sturloni, « La paura vien mangiando. Comunicare il rischio alimentare », *Jcom*, 2003 et du même auteur, *Le mele di Chernobyl sono buone. Mezzo secolo di rischio tecnologico*, Sironi, Milano 2006.
2. Francesco Amadori est le fondateur d'une marque vendant de la volaille très populaire en Italie.

passe aussi dans ce cas : « Pour vous prouver que ce métal est sans danger, je vais en manger un », annonce en effet Krusty le Clown. L'effet boomerang l'attend au tournant et le résultat est catastrophique, avec Krusty qui se tord de douleur en se tenant le ventre en direct. Cela pouvait-il être pire ? Bien sûr, une seconde plus tard, le clown est encore à terre devant le plateau horrifié : « Euh, Krusty, ce n'était pas du métal, c'était une céréale Krusty normale », lui fait observer un assistant zélé.

Ma pomme de terre mange une carotte !

À la différence de la majeure partie des familles européennes, qui, selon les données de l'Eurobaromètre 2006, sont à plus de 60 % contre ou du moins réticentes à l'égard des aliments dérivés d'organismes génétiquement modifiés[1], la famille Simpson, généralement enthousiaste devant toutes les nouvelles trouvailles technologiques, ne nourrit aucun préjugé particulier envers les aliments OGM. Et c'est un jour Marge elle-même qui en propose avec brio au reste de la famille, en les disposant sur un plateau à l'aspect appétissant : « J'ai une question à vous poser. Qui peut me dire ce qu'il y a de changé dans notre dîner ? », demande-t-elle, en expliquant au fur et à mesure. « Je vous ai servi des légumes génétiquement modifiés. Regardez comme ils sont gros ! » Et Lisa de commenter : « Les entreprises américaines devraient arrêter de jouer les apprentis sorciers. » Sa mère la rassure : « Oh, vous n'avez absolument rien à craindre. Si le ministère de la santé en a autorisé la vente, c'est qu'ils sont sans danger. » À ce moment précis, les légumes se métamorphosent étrangement : la pomme de terre de Lisa se met à manger sa carotte, et Marge conclut, horrifiée : « Ça suffit ! Désormais, je ferai pousser mes propres légumes ! »

1. George Gaskell et coll., « Europeans and Biotechnology in 2005 : Patterns and Trends », *Eurobarometer 64.3. A report to the European Commission's Directorate-General for Research*, mai 2006 (en ligne sur le site de la Commission européenne : www.ec.europa.eu).

C'est une situation que l'on peut difficilement imaginer dans un contexte italien, où la grande majorité des mères préféreraient probablement mettre leurs enfants à jeûner plutôt que de leur servir des aliments transgéniques. Cependant, cette scène d'ouverture, tirée de l'épisode « L'herbe médicinale[1] », contient de nombreux éléments réels, à la fois concrets et symboliques, surtout si on tient compte du fait que l'on ne parle pas tant ici des OGM en eux-mêmes que du rapport entre consommateurs et OGM. Les expressions clés de la cohabitation difficile entre alimentation et biotechnologie sont toutes présentes : « changé », « comme ils sont gros », « entreprises américaines », « jouer les apprentis sorciers », « ça suffit ». De l'enthousiasme à la méfiance, pour en arriver finalement à l'hostilité, le parcours de Marge est emblématique, tout comme le comportement de la pomme de terre OGM : il est on ne peut plus inquiétant de voir le légume passer du rang de végétal à celui d'animal dans la chaîne alimentaire à laquelle il appartient. Tout est exprimé en une phrase foudroyante : « Ma pomme de terre mange une carotte ! », toutes les craintes qui tournent autour de la « nourriture de Frankenstein », de la chaîne productive « contre nature » qui finit par amener sur la table des volailles remplies d'anabolisants et des herbivores nourris aux farines animales.

Malgré cela, *Les Simpson* est une série qui aime expérimenter quand il s'agit de nourriture et de cultures agricoles. Et parfois elle y parvient si bien que le processus mimétique s'inverse : ce n'est plus la série qui imite la réalité, mais le contraire. L'exemple le plus éclatant de ce renversement est sans l'ombre d'un doute l'invention du Tomacco. L'étrange végétal fait son apparition dans l'épisode « Une récolte d'enfer[2] » (dont la première phrase inscrite au tableau est, peut-être pas par hasard : « Je n'ai pas eu le prix Nobel du pet »), diffusé par la Fox le 7 novembre 1999. Le Tomacco est un croisement de tomate et de tabac qui peut engendrer une dépendance

1. Jon Vitti, « L'herbe médicinale », déjà cité.
2. Ian Maxtone-Graham, « Une récolte d'enfer », 7 novembre 1999 (AABF19).

immédiate, créé grâce à une pincée de plutonium par celui qui discute avec son propre cerveau en lui disant des phrases du type « Bon, cerveau, tu ne m'aimes pas et je ne t'aime pas » : Homer Simpson lui-même.

Cet épisode n'est pas très consistant du point de vue de la narration, mais il n'a pas manqué d'attirer l'attention d'un certain Rob Baur, expert en traitement des déchets dans une commune de Lake Oswego, dans l'Oregon. Avec persévérance, et après plusieurs années de tentatives, Baur a réussi en 2003 à reproduire « en vrai » l'étrange végétal (sans s'aider du plutonium, a-t-il garanti). En fait, on entendait déjà parler d'un croisement analogue dans une publication datant de 1959. Par ailleurs, le phénomène n'est pas si surprenant, étant donné que la tomate et le tabac, comme du reste les aubergines, les pommes de terre, les poivrons et beaucoup d'autres légumes, appartiennent tous à la même famille des angiospermes, celle des solanacées. En tout cas, l'histoire curieuse du Tomacco est encore une démonstration de plus de l'influence à très large échelle qu'a *Les Simpson* sur la culture contemporaine. Et pas seulement chez les adolescents.

Superaliments

Passons maintenant à des formes moins radicales de technologie alimentaire. Une place de choix revient aux compléments diététiques, ces produits qui ces dernières années ont enregistré une importante hausse des ventes. S'il existe encore des incertitudes considérables quant à leur efficacité réelle (en 2007 est parue une méta-analyse monumentale dans *The Journal of the American Medical Association*[1], réalisée auprès de plus de 200 000 sujets, selon laquelle leur utilisation pourrait aller jusqu'à contribuer à faire *diminuer* l'espérance de vie moyenne), il n'y a, en revanche, aucun doute sur

1. Goran Bjelakovic et coll., « Mortality in Randomized Trials of Antioxidant Supplements for Primary and Secondary Prevention », *JAMA*, 297, 2007, p. 842-857.

le chiffre d'affaires énorme qu'on attribue à ce marché : rien qu'aux États-Unis, il a atteint les 23 milliards de dollars en 2006. Ainsi, l'un des épisodes les plus caustiques de la série est consacré au rapport de ces compléments avec le marché, et en particulier aux opérations marketing mensongères qui ont attiré l'attention des médias sur ces produits en diverses occasions. L'épisode en question s'intitule « L'abominable Homer des neiges[1] ».

Devenu consommateur record de barres Compote Énergie (« Il a fallu 20 kg de pommes pour faire cette barre, auxquels on a ajouté un ingrédient secret qui libère l'énorme pouvoir énergétique des pommes ! », comme le martèle l'argument publicitaire), Homer est recruté par l'entreprise qui les produit pour une opération publicitaire de grande envergure : l'ascension de la plus haute montagne de Springfield, le pic de la Mort. Homer devra planter le drapeau de Compote Énergie sur le sommet encore jamais atteint. Comme « symbole éternel du mépris de l'homme pour la nature », annonce le programme. Les péripéties d'Homer sont suivies par les chaînes de télévision, qui diffusent chaque jour des bulletins de ce genre :

Voix 1 : Ce flash Compote Énergie vous est offert par Compote Énergie. Compote énergisez-vous avec Compote Énergie.

Voix 2 : L'événement du jour : Homer Simpson a franchi compote-énergiquement la moitié de la distance le séparant du sommet du pic de la Mort. Brad, Homer aurait-il réussi à se hisser jusque-là sans l'apport hypernutritif de 6 variétés de pommes ?

Voix 1 : Sûrement pas, Neil.

Cependant, les choses tournent mal pour Homer : d'une part à cause de la composition des barres, dont les ingrédients se révèlent être des trognons de pommes et de vieux journaux chinois, mais surtout suite à l'abandon des deux sherpas qui étaient chargés de hisser Homer au sommet de la montagne pendant la nuit. Compote Énergie se dissocie tout de suite de l'opération « Homer Simpson »,

1. John Swartzwelder, « L'abominable Homer des neiges », 3 mai 1998 (5F16).

en déclarant solennellement aux médias : « Ignorant les conseils des médecins, Homer Simpson a abandonné la barre Compote Énergie pour sa rivale : la barre Vitapêche. D'après les médecins, il n'y trouvera pas les éléments nutritifs nécessaires à sa survie... » Imperturbable cynisme du marketing à part, il est significatif de voir comment toutes les règles de la promotion publicitaire des compléments alimentaires sont enfreintes allègrement, de l'inadmissibilité des références aux approbations ou à l'aval scientifique[1].

Trop de viande sur le gril

« Tu sais que je n'aime que les petits-déjeuners frits au poulet frit », se lamente Homer au début de « Triple erreur[2] », déçu par le bol de muesli[3] que Marge a servi à sa famille affamée en voulant bien faire. Et pourtant désormais Marge devrait bien connaître la prédilection de son mari pour la viande, qu'elle soit blanche ou rouge.

Même Homer connaît le danger potentiel d'un régime excessivement riche en protéines : dans un épisode, « Beau comme un camion[4] », au terme d'un concours entre mangeurs de viande, il assiste à la mort de son rival. Ce malheureux fait s'est produit dans un restaurant appelé *L'abattoir*, nom très simpsonien. À la grande joie des clients, chacun peut choisir le bœuf qui lui plaît le plus et assister à l'abattage. Même le menu, qui propose des plats tels que « bœuf en salade, bœuf aux carottes, bœuf farci au bœuf », est fait en viande.

---

1. Istituto di Autodisciplina Pubblicitaria (Institut d'autodiscipline publicitaire), *Regolamento per la pubblicità degli integratori alimentari proposti per il controllo o la riduzione del peso e di altri tipi di integratori*, valable pour l'Italie.
2. Matt Selman, « Triple erreur », 29 avril 2001 (CABF14).
3. Allez savoir pourquoi, dans la version italienne, on trouve « muesli transgénique », alors que, dans la version originale en anglais, il est juste dit : « des céréales très bonnes pour la santé venant d'Europe ».
4. John Swartzwelder, « Beau comme un camion », 29 mars 1999 (AABF13).

Lorsque Marge, un peu préoccupée par la pièce de viande « grosse comme une planche de skateboard » qu'Homer s'apprête à dévorer, demande au docteur Hibbert s'il est sain de manger autant, la réponse du médecin offre une synthèse parfaite du concept de conflit d'intérêts en médecine : « Avant d'acquérir 12 % de ce restaurant, je vous aurais dit non. Mais... je crois qu'en suivant un régime équilibré on peut tolérer ce genre d'entorse. » Du moins, *L'abattoir* est équipé d'une « machine de Heimlich », qui exécute la manœuvre du même nom[1] dans le cas fâcheux où un client risquerait l'étouffement.

Bref, s'il y a un style de vie à Springfield qui, plus que tout autre, fait scandale et suscite la méfiance, c'est bien le végétarisme : « Lisa la végétarienne[2] », un des plus brillants épisodes de la série (et ce n'est pas pour rien si le scénario est signé par le génial David Cohen) est consacré au sort qui s'abat sur Lisa suite à sa décision de ne plus manger de viande.

Malgré l'hostilité manifeste de l'école devant son choix radical, et bien qu'Homer ait tenté de lui expliquer « qu'on ne se fait pas de potes à coups de salade », Lisa persiste dans son rejet catégorique et subversif de la viande. Après plusieurs vaines tentatives pour lui mettre des bâtons dans les roues, le directeur Skinner, inquiet du fait que le végétarisme puisse se révéler contagieux, décide que l'heure est venue de recourir à une méthode plus efficace pour remettre l'élève rebelle dans le droit chemin : « Bonjour les enfants ! », dit-il donc en entrant dans la salle de classe de Lisa. « Une certaine... agitatrice – pour respecter sa vie privée appelons-la... Lisa S. Non, c'est trop parlant... euh... disons L. Simpson –... a soulevé des questions concernant le règlement intérieur. Aussi, dans le but d'ouvrir le dialogue, je vous demande de regarder ce film en silence. »

1. La manœuvre de Heimlich, qui consiste essentiellement à exercer une forte pression au niveau du diaphragme, est une technique de premier secours très populaire (même si sa validité a été mise en doute récemment) décrite pour la première fois, dans les années soixante-dix, par le médecin Henry Heimlich.
2. David X. Cohen, « Lisa la végétarienne », déjà cité.

La solution du film éducatif à écouter dans un silence religieux, comme nous avons déjà pu l'observer dans le chapitre précédent à propos de l'ADN, fait partie des solutions les plus sarcastiques et réussies de la série. Les scénaristes y ont notamment recours lorsqu'ils cherchent à démasquer des visées propagandistes qui voudraient passer pour pédagogiques. Mais cette vidéo du Comité pour la viande, intitulée *La Viande et vous*, est décidément incomparable. Présentée comme d'habitude par Troy McLure, déguisé en cow-boy pour l'occasion et épaulé du jeune Jimmy, la vidéo prétend expliquer comment la viande va du ranch à l'estomac, et pour cela, comme le dit McLure, « rien ne vaut une balade dans une région d'élevage ». Cependant, malgré les bonnes intentions du réalisateur, les scènes d'abattage sont si horribles que le petit Jimmy a du mal à cacher son trouble. Quand Troy McLure lui demande s'il a faim, embarrassé à l'idée d'avouer qu'après ce qu'il a vu, manger de la viande est la dernière de ses envies, Jimmy tente de changer de sujet, avec la question suivante :

Jimmy : Euh... monsieur McClure, j'ai un copain complément débile qui dit que c'est mal de manger de la viande. Est-ce qu'il est débile ?

Troy McClure : Non, juste ignorant. Ton copain débile n'a jamais dû entendre parler de la chaîne alimentaire. Interroge donc ce scientéticien *[sic]*... Il te dira que dans la nature, une créature en mange obligatoirement une autre pour survivre. Ne te fais pas d'illusions, Jimmy. Si un bœuf en avait l'occasion, il te dévorerait toi et tous ceux que tu aimes.

C'est ainsi que le film s'achève ; entre-temps, on a servi à la classe de Lisa un grand plat de tripes offert par le Comité de la viande. Tandis que ses camarades se précipitent sur la viande, Lisa s'écrie consternée : « Arrêtez ! Arrêtez ! Vous ne comprenez pas que vous avez été endoctrinés par toute une corporation ? » La réaction de ses camarades ne fait que la conforter dans son jugement : « Pff ! Apparemment ma copine débile n'a pas entendu parler de la chaîne alimentaire… », commente l'un d'eux. « Oui, Lisa est une idiote de premier choix », conclut un autre, en citant encore une fois le film.

Face aux pouvoirs en place – en l'occurrence, le Comité pour la viande –, la science et l'école se retrouvent aussi piétinées l'une que l'autre, sans défense, voire complaisantes. Aucune des deux, du moins à Springfield, ne peut se permettre le luxe de la neutralité. Et elles n'hésitent pas à s'asservir aux exigences du marché. Un marché qui sait bien comment exploiter leur autorité présumée : les documentaires deviennent alors le meilleur moyen de manipuler l'opinion du public. En somme, si le journalisme de Springfield est déprimant, les agences de presse, quant à elles, se portent à merveille.

Et de nouveau, l'on s'interroge : est-ce exagéré ? Peut-être. Mais si l'on pense à certains reportages sur la viande bovine entre folklore et mélodrame montrés en Italie au moment de la vache folle, ou aux émissions écœurantes sur les mille façons de cuisiner le poulet diffusées pendant et après les JT au beau milieu de l'épidémie de grippe aviaire, le film concocté par le Comité pour la viande de Springfield ne semble plus si improbable.

CHAPITRE 5

Le ciel au-dessus de Springfield

Parmi tous les champs du savoir scientifique, les petits Simpson, comme les enfants de leur âge dans le monde réel, semblent aussi particulièrement fascinés par l'astronomie. Lisa nourrit une passion sans bornes pour toutes les matières scientifiques en général et, ayant également rêvé plus d'une fois d'obtenir le prix Nobel pour la paix ou de trouver le remède à toutes les maladies du monde, quand le documentariste Declan Desmond la pousse à bout et la défie de choisir sa voie, elle finit par se découvrir une vocation pour l'étude du ciel. C'est dans l'épisode « La guerre pour les étoiles[1] » que cela se passe, dans un lieu hautement symbolique : le refuge de Lisa en cas de crise, l'équivalent laïque d'une église pour un croyant comme Ned Flanders : le Muséum d'histoire naturelle de Springfield (représenté avec on ne peut plus de politiquement correct dans cet épisode, une salle avec « des hommes des cavernes multiethniques » y ayant été installée, comme l'annonce le panneau à l'entrée).

Après avoir erré dans les couloirs du musée, désert comme toujours, à la recherche de l'inspiration, et après avoir écarté les carrières de paléontologue et de géologue car mortellement ennuyeuses, Lisa rencontre son destin alors qu'elle se repose sur le

1. Dan Greaney et Allen Grazier, « La guerre pour les étoiles », déjà cité.

banc du planétarium. Sous la forme d'une voix enregistrée sur une bande. « Depuis la nuit des temps », récite la description persuasive enregistrée, pendant que les lumières s'éteignent et que la coupole se remplit de constellations, « les voyageurs pour s'orienter, se sont tournés vers le ciel. Polaris, l'étoile Polaire. Le puissant baudrier d'Orion. La majestueuse Voie lactée qui abrite la planète bleue que l'on appelle Rigel 7[1], pas très éloignée de la Terre... Nous n'avons fait que gratter la surface de l'Univers. Qui découvrira les merveilles qui se cachent au-delà de notre galaxie ? Vous peut-être ? » C'est une invitation à laquelle la petite Lisa ne peut résister. Elle convainc son père de faire un chèque en bois pour lui acheter un télescope amateur, puis se lance avec enthousiasme à la chasse aux astres.

Mais on est dans *Les Simpson*, pas dans un dessin animé quelconque avec un jeune personnage sur le point de découvrir de nouveaux corps célestes. En effet, l'enthousiasme de Lisa ne dure pas longtemps : la nuit, aucune étoile ou planète ne peut rivaliser avec l'éclairage public de Springfield, depuis celui du stade jusqu'à l'enseigne aveuglante d'un motel louche. Même à l'observatoire astronomique, les lumières des habitations voilent le ciel. « Tu me caches les étoiles, Springfield ! », se désespère Lisa. Pollution lumineuse, voilà le diagnostic du professeur Frink, qui considère que c'est un problème « encore pire que séduire une fille, ce qui est difficile, quand on a rien d'un Apollon ». Loin de s'arrêter là, Lisa, déterminée, décide de recueillir des signatures afin de présenter une pétition au maire Quimby, réclamant un moratoire sur le recours excessif à l'éclairage artificiel.

L'initiative de Lisa est loin d'être invraisemblable. Les amateurs d'astronomie du monde entier se plaignent depuis des dizaines d'années de la pollution lumineuse, et il existe même des groupes organisés qui la combattent, comme l'International Dark-Sky

---

1. Rigel est une étoile de la constellation d'Orion. Les extraterrestres qui fréquentent souvent le ciel de Springfield, Kang et Kodos, proviennent de son hypothétique système planétaire, largement exploité par la science-fiction (d'Asimov à *Star Trek*).

Association. La lutte est aussi soutenue par de nombreux autres mouvements, pour des motifs plus variés. En Italie, par exemple, la journée annuelle de l'économie énergétique qui a été lancée en 2005 par l'émission de radio très populaire *Caterpillar* : l'initiative « *M'illumino di meno* » (« J'éclaire moins ») a eu un grand succès, des centaines de milliers d'adhésion ont été enregistrées. Springfield aussi, entraînée par la détermination de Lisa, répond avec un enthousiasme effréné : « Dès aujourd'hui, sachez que Springfield sera la ville la plus sombre d'Amérique », proclame le maire Quimby en éteignant les lumières de la ville.

Une victoire, donc ? Non, ce serait trop facile. Quand les scénaristes des *Simpson* empruntent une voie, ils la parcourent jusqu'au bout : dans ce cas, les conséquences attendues sont immédiates (« Attention, mesdames et messieurs les danseurs étoiles, il y a de nouvelles étoiles en ville dans le ciel », annonce Kent Brockman au JT du soir, « désormais visibles grâce à notre maire qui a cédé à la pression du lobby des astronomes »). Mais au bout de quelques heures, les problèmes commencent. La suppression de l'éclairage public entraîne, en effet, une vague de vandalisme à Springfield. Les habitants, furieux et nullement disposés à sacrifier la sécurité de leur voiture contre un morceau de Voie lactée, réclament le rétablissement de l'éclairage public. Le maire répond immédiatement à leur demande : lumière puissance maximum, une ville aussi illuminée la nuit que le jour dès le coucher du soleil.

« Il y a tellement de lumière qu'on ne peut rien voir dans le ciel à part le satellite de la Fox[1] », tel est le commentaire affligé de Lisa. Mais cette fois-ci, elle n'est pas la seule à en souffrir : ce deuxième excès est aussi exploré par les scénaristes jusqu'à ses conséquences ultimes. Des conséquences qui, comme d'habitude, sont très réalistes. Non seulement le ciel redevient invisible, mais alors que la consommation d'électricité monte en flèche, tout l'écosystème de la ville

1. Il est ici intéressant de rappeler que *Les Simpson* est justement produit par la Fox.

subit des effets dévastateurs. Pendant que les oiseaux, essayant de retrouver un peu d'obscurité, tentent de se transformer en taupes, les humains sont atteints de troubles sérieux dus à une carence de sommeil : tristesse, irritabilité, manque d'énergie, ralentissement psychomoteur et troubles cognitifs. Tout comme cela advient dans le monde réel lorsque, en interrompant le rythme cyclique normal d'alternance entre jour et nuit (par exemple, à cause du décalage horaire ou du changement de saison), on enregistre une forte baisse de la production endogène de mélatonine.

En accord avec la spirale d'excès qui distingue cet épisode des autres, c'est une surcharge d'énergie qui, faisant voler en éclats toutes les ampoules de la ville, fera finalement tout rentrer dans l'ordre, juste à temps pour que les habitants de Springfield aient la chance d'assister à une extraordinaire pluie d'étoiles filantes. Le spectacle émeut tout le monde : « C'est encore mieux que notre économiseur d'écran », commente Marge avec poésie.

Ça existe, 4 heures et demie du matin ! ?

Combien de victimes peuvent faire 120 secondes de satire ? Pour s'en faire une idée précise, regardons les deux premières minutes de l'épisode « La comète de Bart[1] », pendant lesquelles une série impressionnante de mythes et pratiques pédagogiques, scientifiques et technologiques est réduite en poussière par le biais de personnages très secondaires. Dans l'ordre : les festivals de la science, l'intérêt des enfants pour la science, le directeur Skinner, le scientifique Pierre Jules César Janssen, l'apprentissage des mathématiques, l'aviation américaine, la guerre en Irak, le gouvernement des États-Unis et – cerise sur le gâteau – la science elle-même. « Puisque tu as fait entrave au progrès de la science », conclut en effet le directeur Skinner en s'adressant à Bart après un dénouement pyrotechnique, « tu devras désormais lui apporter ton aide. Dès demain tu m'assisteras

1. John Swartzwelder, « La comète de Bart », déjà cité.

dans mes activités d'astronome amateur. » Autrement dit, la science en tant que punition : en effet, l'amusant programme d'astronomie amateur de Skinner prévoit des observations du ciel à partir de quatre heures et demie du matin. « Ah bon ! Ça existe, 4 heures et demie du matin ? », s'exclame Bart étonné. Cependant, avant de découvrir avec Bart si la course du temps prévoit réellement des horaires aussi improbables et cruels, revoyons rapidement ce qu'il s'est passé pendant les 120 secondes dévastatrices qui ont précédé la punition.

Tout commence au festival de la science de l'école élémentaire de Springfield, rite annuel qui existe aussi dans les écoles italiennes, depuis que le ministère de l'Éducation et de la Recherche a instauré la « Semaine de la culture scientifique et technologique ». Une occasion de consacrer quelques heures de plus à des activités pouvant initier les élèves à la science. Une initiative louable, mais aussi très éprouvante pour les professeurs, du moins pour les plus volontaires d'entre eux, qui sont forcés de trouver des stratagèmes pour rendre la science non seulement compréhensible, mais même ludique, dans l'esprit d'un projet imaginé avant tout pour inviter les jeunes à choisir des filières scientifiques.

C'est une tâche ingrate que Skinner exécute avec une implication admirable, vêtu d'une blouse blanche de laboratoire et équipé d'une paire de lunettes censées lui donner l'air d'un scientifique, il inclut même dans le programme des expériences à fort impact scénographique, telles que le lancement d'un ballon-sonde. L'idée de clôturer la semaine de la science avec un beau lancement de ballon aérostatique est bien trouvée, il faut le dire, et sa signification est fortement symbolique. Cependant, ce qui semble être de l'intérêt pour la science (« Vive le ballon-sonde ! Hourra pour la science ! », hurlent les élèves devant le directeur un peu perplexe face à tant d'enthousiasme) est en réalité une démonstration de joie devant le sabotage du ballon-sonde organisé par Bart. Quelques instants après le décollage, une banderole se déploie du ballon : le visage du directeur y est dessiné et on peut y lire « Salut, c'est moi Skinner les grosses fesses ». Une fois passé l'effet de surprise, et après une imprécation contre le pauvre Janssen pour avoir « inventé » l'hélium[1], Skinner décide de passer à l'action : ce ballon-sonde obscène doit être abattu coûte que coûte. « Celui qui fera descendre le ballon sera dispensé de fractions », promet Skinner aux élèves de plus en plus déchaînés. Or, étant donné que nous sommes à la clôture du Festival de la science, et qu'en plus de cela les étudiants américains ne sont pas mieux classés que les Italiens en mathématiques (ils ont récemment été relégués par l'OCSE en bas de la classification des pays industrialisés[2]), cette réplique de Skinner semble relever du plus haut sarcasme. Mais il y a encore plus méchant, et c'est l'aéronautique qui va prendre.

La tentative d'abattre le ballon-sonde à coups de jets de pierres échoue lamentablement (même si elle parvient efficacement à réduire la voiture du directeur en pièces détachées), si bien que la tâche difficile en revient à Willy, le concierge de l'école, et à son fusil. Cependant, non seulement les coups tirés manquent l'indestructible ballon, mais ils sont interprétés par les ordinateurs de bord de deux avions de chasse de passage comme une attaque de chasseur irakien. La réaction est immédiate : lancement de missiles, ce qui a pour conséquence prévisible que les deux avions s'abattent mutuellement. Les pilotes réussissent tant bien que mal à s'éjecter à temps. L'explication de l'accident n'a rien à envier à la meilleure satire politique : « Voilà ce qui arrive quand on prend l'argent de la défense pour le filer à la protection de la santé ! », proteste l'un des pilotes descendant en parachute.

Mais les coups bas les plus géniaux sont les plus indirects, tels que le fait d'avoir baptisé le directeur de l'école Skinner : il s'agit d'une allusion à Burrhus Frederic Skinner, fondateur du béhaviorisme,

1. À propos de Janssen et de la découverte de l'hélium, voir l'introduction.
2. Les médias ont beaucoup parlé de ce résultat décourageant (publié dans le rapport *Education at a glance*), établi à partir de l'enquête du PISA (Programme for International Student Assessment, 2003) et de laquelle il ressort que les USA comme l'Italie se trouvent bien en dessous de la moyenne des pays de l'OCSE.

ou comportementalisme, cette théorie de plus en plus discutée (du moins dans le milieu didactique) qui est à la base d'interventions thérapeutiques fondées sur des mécanismes comme celui de la récompense et de la punition. Le Skinner du dessin animé n'hésite pas à la mettre en pratique et cela de façon toujours plus abjecte : ici, par exemple, en utilisant l'astronomie comme moyen de torturer Bart, le coupable de tout ce qui est arrivé.

Une comète vient semer la zizanie

Devenu malgré lui l'assistant astronome de Skinner, au cours de la première nuit d'observation, Bart réussit là où le directeur a misérablement échoué pendant des années d'observation du ciel. Sur un coup de chance, le jeune Simpson découvre un nouveau corps céleste : une comète, immédiatement rebaptisée « la comète de Bart ». Rapidité de l'attribution du nom mise à part, on remarque le réalisme de la procédure d'observation suivie par Skinner le malchanceux astrophile, qui effectue toute une série de relevés pointilleux sur les déclinaisons et les ascensions droites.

À vrai dire, quelques astronomes amateurs se sont amusés à démontrer le contraire. Pour un œil averti, la scène ne semble pas réaliste et comporte de nombreuses incohérences : entre autres, puisque le télescope de Skinner a tout l'air d'être un réfracteur à monture azimutale, la lecture directe de déclinaisons et d'ascensions droites ne devrait pas être possible[1]. Encore plus grave aux yeux des spécialistes, il y a le fait que, dans un télescope de ce type, les images devraient apparaître renversées, tandis que la comète vue par Bart à travers la lentille est incontestablement à l'endroit. En outre, pour signaler la découverte d'un nouvel objet céleste, il ne suffit pas de s'adresser à l'observatoire le plus proche, comme le fait Bart.

1. La lecture directe de déclinaisons et d'ascensions droites nécessiterait, en effet, un télescope à monture équatoriale.

Il faut remplir un formulaire sur Internet, ou envoyer un message électronique au Harvard Smithsonian Center for Astrophysics de Cambridge, à Boston, ni plus ni moins. Enfin, la comète a beau avoir été sans l'ombre d'un doute découverte par Bart, elle n'aurait jamais pu être simplement baptisée « la comète de Bart » : suivant une syntaxe complexe fondée sur l'année et le mois de l'observation, elle aurait eu un nom beaucoup plus long, quelque chose du style « comète Simpson 1995 C1[1] ».

Et peut-être qu'un peu d'anonymat n'aurait pas fait de mal à Bart. En effet, l'exaltation initiale pour le fait d'avoir une comète à son nom se transforme vite en cauchemar, dès qu'on découvre que la comète « Bart Simpson » se dirige tout droit vers la Terre. Pour être plus précis, droit sur Springfield. « Ta comète va percuter la Terre et détruire toute forme de vie sur son passage ! », l'informe Lisa, non sans une pointe de jalousie envers son frère si effrontément chanceux. « Je savais que tu trouverais le moyen de critiquer ma comète. Tu as toujours été envieuse et mesquine, et ça depuis le début », répond Bart à sa sœur.

Comme nous allons le voir, ce qui suit constitue une anthologie amusante des sommets que peut atteindre le sensationnalisme médiatique aux États-Unis, à grand renfort d'infographie et d'hélicoptères de chaînes télévision, des interventions mises en œuvre pour affronter la catastrophe aux stratégies de communication du risque. Mais plus encore, il s'agit d'une satire sévère des réactions à l'égard de la pensée critique, si ce n'est à l'égard des pensées tout court, typiques de la société contemporaine. Voici donc un échange inoubliable entre Homer et sa fille, inquiète de voir arriver la fin du monde, tandis qu'Homer est convaincu que la comète sera détruite, puisque c'est ce qu'a affirmé le maire.

1. Ces remarques « astrophiles » sont tirées d'un commentaire approfondi laissé par Bob Yantosca sur le site www.snpp.com. Le nom de la comète, conjecturé par ce même Bob Yantosca, se base sur la présomption que le repérage a eu lieu le jour de la diffusion de l'épisode, lors de la première quinzaine du mois de février 1995.

Lisa : Mais papa, tu ne *penses* pas que...
Homer : Lisa, si on a élu des représentants, c'est pour qu'on n'ait pas à penser à tout bout de champ ! Ça, c'est comme la peur des pluies acides il y a quelques années. Nos représentants ont vu le problème et ils ont trouvé une solution, non ?
Lisa : Je ne *pense* pas, papa, que...
Homer : Penser. Tu n'as que ce mot-là à la bouche !

Homer conserve son optimisme parce qu'il fait confiance aux autorités, qui ont un plan typiquement américain : il s'agit d'abattre la comète avec un missile à tête nucléaire. Au regard de la première impression donnée par les ordinateurs supposés contrôler ces « bombes intelligentes » malfamées au début de l'épisode, rien d'étonnant au fait que la tentative soit un échec lamentable. S'agissant d'un missile aussi intelligent que chanceux, celui-ci non seulement manque la comète, mais heurte de plein fouet l'unique pont qui permet de quitter Springfield, comme l'explique Kent Brockman dans un flash spécial d'allure apocalyptique. Bref, c'est la fin pour les habitants de Springfield.

C'est ce que comprend rapidement Brockman, qui profite de sa dernière émission pour se racheter de plusieurs années de journalisme muselé et décide, d'une voix grave de circonstance, de rendre un hommage à la « transparence » de l'information, qui entrera dans les annales des *media studies*, voire dans celles de la littérature :

> Au cours de sa carrière, un journaliste apprend des choses que, pour une raison ou une autre, il ne peut pas divulguer. Cela n'a plus d'importance désormais. Les personnes suivantes sont homosexuelles...

Une liste interminable de noms défile très rapidement à l'écran. Homer chausse des lunettes et se met à prendre des notes, pendant que sa femme l'implore d'éteindre la télévision. Remarquant l'angoisse généralisée et s'obstinant à croire que la comète brûlera dans l'atmosphère terrestre, Homer conclue : « Si j'ai pas raison, qu'on soit tous écrabouillés par un truc tombé du ciel ! »

Ces deux dernières répliques veulent tout dire : de la satire du gouvernement (*Deep Impact* et *Armageddon* allaient sortir trois ans plus tard, en 1998 ; l'épisode tourne en dérision le bouclier spatial rêvé par l'ex-président Reagan) à celle de la grande tradition américaine du journalisme d'enquête, qui semble réduit à une pauvre liste de célébrités homosexuelles au moment de la tragédie.

Cependant, la science, chez *Les Simpson*, nous le savons déjà, réserve toujours quelques surprises. En fin de compte, la vision de la société et de la nature proposée par la série est on ne peut plus écologique, voire holistique : chaque choix, chaque action se répercutent sur tout le système. Seulement, alors que, dans le discours sur l'écologie – social, simplifié et un peu moraliste – dont on nous abreuve aujourd'hui, les répercussions sont presque toujours linéaires et menaçantes (si l'on pollue, les glaciers fondent ; s'il y a trop de violence à la télévision, les enfants deviennent agressifs[1], et ainsi de suite), dans *Les Simpson*, il arrive souvent que les choses soient merveilleusement complexes.

Dans le cas de la « comète de Bart », il y a au moins deux surprises. Premièrement, contre toutes les prévisions des scientifiques montrées à la télévision comme des vérités inéluctables, la comète se désintègre. Exactement comme l'avaient prévu Homer et sa science populaire discréditée. Et si elle se désintègre, c'est grâce à un phénomène encore plus mal vu : la « couche de pollution » qui étouffe Springfield, une variable que les simulations n'avaient évidemment pas prise en compte, une nappe de pollution si dense qu'elle a augmenté le frottement produit par le passage de l'objet céleste au point de le réduire en miettes. Les anti-écologistes auront-ils relevé le sarcasme implicite de cette scène finale ?

1. Le thème de la violence à la télévision, dans *Les Simpson*, est traité plusieurs fois et, le plus souvent, dans toute sa complexité. À ce propos, un épisode est emblématique : celui où Marge tente de proposer une alternative à l'horrible dessin animé *Itchy & Scratchy* – John Swartzwelder, « Tous à la manif ! », 20 décembre 1990 (7F09) – et finit par se retrouver embringuée dans une spirale de contradictions inextricables entre moralisme et censure.

Quoi qu'il en soit, pour ne pas tenter le sort à l'avenir, la population de Springfield décide de se protéger de futurs événements de ce genre. Comment ? Rien de plus simple : « Allons brûler l'observatoire », hurle Moe en encourageant la foule. « Comme ça, ça ne se reproduira plus ! »

Du canapé à l'espace

Au mois de juillet 2007, le contenu d'un certain rapport a fait scandale. Rédigé par une commission indépendante nommée par la NASA, ce rapport a dévoilé qu'au moins en deux occasions, on aurait autorisé le lancement de navettes spatiales avec à bord du personnel en état de grave intoxication alcoolique[1]. En un mot, des astronautes en état d'ébriété.

Dans le dessin animé, la NASA, qui trafique pourtant dans tous les sens, se montre très rigoureuse quand il s'agit d'exclure de la sélection des astronautes aspirants ceux qui montrent des signes de dépendance à la bouteille, comme on le découvre dans l'épisode « Homer dans l'espace[2] », diffusé pour la première fois en 1994 et considéré à juste raison par de nombreux fans comme l'un des meilleurs de la série. C'est à la base de Cap-Canaveral (dont les scénaristes se moquent dès le panneau à l'entrée[3]) que se déroule le programme d'entraînement et la sélection des aspirants astronautes : ce sera Homer ou Barney. Entre les épreuves réalistes (comme la centrifugeuse qui simule l'accélération et les tests de spirométrie) et

1. NASA Astronaut Health Care System Review Committee, February-June, 2007, Report to the Administrator. En ligne à l'adresse suivante : www.nasa.gov/pdf/183113main_NASAhealthcareReport_0725FINAL.pdf.
2. David Mirkin, « Homer dans l'espace », déjà cité.
3. Le panneau en question indique : « Cap-Canaveral, anciennement Cap-Kennedy, anciennement Cap-Arbuckle ». On trouve derrière cette inscription un subtil jeu d'allusions qui suggèrent une atmosphère de corruption autour de la base elle-même : Fatty Arbuckle était un acteur de films muets dont la carrière fut ruinée suite à un scandale sexuel, un problème qui concerna également John Kennedy. Enfin, Cap-Canaveral a en effet porté le nom de Cap-Kennedy pendant une dizaine d'années (de 1963 à 1973).

les autres qui le sont moins (séances d'entraînement au punching-ball et duels à la hallebarde en combinaison), la tâche la plus difficile est sans aucun doute de devoir s'abstenir de boire de la bière pendant toute la durée du programme.

Mais comment Homer est-il parvenu à finir candidat numéro un de la NASA ? Tout a commencé à cause d'un problème assez grave : la baisse significative des indices d'écoute relatifs aux lancements spatiaux. « Oh ! Mon Dieu ! Nous avons été battus par... *Questions pour un morpion* ! », s'écrie horrifié le directeur du programme en tenant dans sa main un rapport plein de chiffres. « Messieurs, nous risquons de voir nos crédits supprimés. Les Américains ne s'intéressent plus à la conquête spatiale. » C'est un problème que la véritable NASA prend également à cœur, ainsi que les instituts de recherche du monde entier, car il existe bien une corrélation entre financements et intérêt du public, même si on l'admet rarement. Il suffit de penser aux énormes efforts que déploie la NASA dans le but d'impliquer les citoyens, grâce à des programmes tels que « Stardust@Home » (avec la possibilité, offerte à tous, d'analyser les échantillons de la comète Wild 2) ou encore en tenant le public en haleine sur le sort des deux robots en route pour Mars, *Spirit* et *Opportunity*, rendus presque humains par une campagne médiatique efficace usant d'expressions comme « sympathiques », « robots jumeaux », « leur vie est en danger », etc.

Dans cet épisode des *Simpson*, la NASA choisit donc pour stratégie d'impliquer directement des personnes banales dans leurs programmes. « Le public voit nos astronautes comme des battants propres sur eux et dans leur tête. C'est tout ce qu'il déteste. » Mais alors qui aime-t-il ? C'est simple : des personnages auxquels s'identifier. Ainsi, la NASA décide de sortir Homer, l'archétype du « rustre abruti », de son fidèle canapé pour le placer en orbite sur les sièges du *Shuttle*.

La stratégie fonctionne, mais on n'échappe pas à quelques effets secondaires. « Monsieur, l'indice d'écoute pour ce lancement est le plus haut depuis 10 ans », annonce-t-on au directeur juste après le décollage. Parfait, mais « comment se porte la navette ? », demande le directeur. « Je ne sais pas... Ces appareils ne servent qu'à mesurer l'indice d'écoute », répond le technicien en haussant les épaules et en montrant les superordinateurs de la salle de contrôle.

Autrement dit : ce qui ne devait être qu'un moyen est devenu la finalité même de la mission. Peu vraisemblable ? Dix ans à peine avant la sortie de cet épisode, le 28 janvier 1986, cinq hommes et deux femmes sont morts dans l'explosion de *Challenger*, une minute après son lancement de Cap-Canaveral. Six d'entre eux étaient astronautes, la septième ne l'était pas. Il s'agissait de Christa McAuliffe, trente-sept ans, mariée, deux enfants. Profession : enseignante. L'intention de la NASA était qu'elle soit le premier civil envoyé dans l'espace. C'était une institutrice, de celles avec lesquelles des millions d'enfants passent des journées entières, de celles qu'on rencontre deux fois par an aux réunions parents-professeurs. C'était une femme minutieuse, calme, peut-être un peu replète. Sans défense. Prisonnière d'un jeu qui la dépassait. Destinée, dans le meilleur des cas, à être expédiée là-haut, en orbite.

« Ne pensez-vous pas qu'il y ait un danger inhérent au fait d'envoyer dans l'espace des civils sous-qualifiés ? », ose demander un journaliste au responsable de la mission, au milieu de l'épisode. Inutile de le dire, la question reste sans réponse.

En résumé, « Homer dans l'espace » n'est pas un épisode aussi invraisemblable qu'il puisse paraître. Loin de là. Bien sûr, ici, on ne fait qu'effleurer la tragédie et l'on a du mal à s'empêcher de rire, quand on voit Homer flotter dans le vide en combinaison d'astronaute, avec la musique de *2001, l'odyssée de l'espace* en fond sonore, essayer de rattraper et de manger les chips du paquet qu'il a ouvert par mégarde une fois dans l'espace. Le jeu des citations, de Kubrick à *Apollo 13*, est génial. Les dialogues et l'ironie laissent sans voix. Mais cet épisode n'est pas invraisemblable du tout.

Il retrace avec précision un contexte particulier, dans lequel la science et la technologie, d'une part, et le public, de l'autre, finissent par devoir partager une position de faiblesse ravageuse, écrasés par une entité aveugle et multiforme, bien plus puissante qu'eux et que leurs petites ambitions : la télévision, l'audience, la publicité. En un mot, le marché. Un marché qui, pour permettre à la science de suivre des voies pas toujours lucratives (les fameuses retombées technologiques, comme le *Studio Magic Voice Enhancer*, l'incroyable logiciel de transformation vocale de la NASA qui, dans l'épisode « Bart et son boys band[1] », fait grimper le hit-parade à Bart et son groupe avec le morceau *We rule the Earth*), l'oblige à opérer de lourds changements. Par exemple, à envoyer en orbite Christa McAuliffe.

Batman est un savant !

Amateur d'astronomie, astronome, astronaute, astrophysicien : dans *Les Simpson*, quiconque s'occupe d'espace, ou plus généralement de science et de technologie, est le bienvenu. À condition qu'il ne se montre pas trop présomptueux. Car s'il y a bien une chose dont les habitants de Springfield se méfient, c'est des « scientifiques dans leur tour d'ivoire », tels qu'on les appelle. Du reste, nous avons tous tendance à réagir ainsi. Les chercheurs doivent sortir de leurs laboratoires et « se mêler aux gens », comme on dit. « Être » les gens. Ils essaient, les pauvres. C'est ainsi que l'on retrouve un astrophysicien mal à l'aise dans une émission de télévision un peu bête, assis au milieu des autres invités. Ou un biologiste au bar, enfin, pardon, au café scientifique, car renoncer à sa tour d'accord, mais pas à l'ivoire quand même…

En tout cas, cela fait quelque temps que les scientifiques essaient de le faire. Et en effet, lorsqu'ils sortent des laboratoires pour se mêler

1. Tim Long, « Bart et son boys band », 25 février 2001 (CABF12).

à nous, on admire leur courage. Mais aussi celui des organisateurs de festivals, d'expositions et de cafés scientifiques. Pourtant, il y a souvent quelque chose qui sonne un peu faux, à y regarder de plus près. Allez savoir pourquoi, ce soir-là justement, le vieux bar a changé de clientèle. Là, à la table où d'ordinaire on peut voir des gens disputer une partie de cartes ou parler football, il y a maintenant une femme élégante qui semble à peine sortie du conseil de l'université. À ses côtés, son compagnon, son loden bien plié sur les genoux, ne boit pas de vin rouge et ne crie pas. Il écoute, esquisse un sourire. On trouve peut-être quelques enfants, c'est vrai. Mais peu d'enquêtes statistiques seraient disposées à les considérer comme un échantillon représentatif de leur tranche d'âge : trop pâles, trop myopes et pas assez turbulents. Enfin, on le sait, ce sont des élèves plus âgés que les professeurs amènent dans ces cafés[1]. Bref, ce genre d'endroits a encore tendance à n'attirer qu'un public d'élite, celui de la science, bien qu'il s'agisse d'une élite en constante expansion.

Alors, où faut-il aller pour trouver des scientifiques immergés, parfois malgré eux, dans la populace ? À Springfield, naturellement. De Darwin à Edison, de Newton à Einstein, il n'est pas rare, dans *Les Simpson*, de rencontrer la version animée de savants qui ont fait l'Histoire. Certes, il ne faut pas se montrer trop difficile, car à Springfield on attribue l'étiquette de « savant » avec une certaine facilité, comme en témoigne ce coup de téléphone désarmant entre Homer, qui tente de maîtriser un train déchaîné, et sa femme Marge exaspérée :

Marge : Homer, il y a un homme ici qui pense pouvoir t'aider.
Homer : Batman ?
Marge : Non, c'est un savant.

1. Au sujet des cafés scientifiques et de leur échec partiel dans la mission d'impliquer un public plus large que celui qui s'intéresse déjà aux thèmes scientifiques, voir Duncan Dallas, « Science in culture », *Nature*, 399, 1999, p. 120 ; Daniel Clery, « Bringing Science to the Cafés », *Science*, 300, 2003, p. 8 ; Jim Giles, « Pop science pulls in public as café culture goes global », *Nature*, 429, 2004, p. 333.

Homer : Batman est un savant ?
Marge : Ce n'est pas Batman[1] !

En somme, il faut s'incliner devant le fait que, dans cette série, le personnage principal est convaincu que Batman est un savant. Du reste, en y réfléchissant bien, ce n'est pas une erreur si grave. Bruce Wayne, l'homme derrière lequel se cache Batman, étant à la tête d'une société de haute technologie comme la Wayne Enterprises, peut être assimilé à un chercheur. Comme cela arrive souvent, Homer n'est pas loin de la vérité, même sans le savoir. Cependant, il faut aussi s'incliner devant le fait que les savants ne sont pas nécessairement des héros positifs ou des personnes à la sensibilité développée, bien au contraire. En ce sens, *Les Simpson* est un dessin animé sans pitié, comme le sait bien l'ancien président d'Harvard, Lawrence Summers, dont la gaffe retentissante sur l'infériorité des femmes dans le domaine des mathématiques – qui lui coûta son poste en 2005 – est devenue l'occasion d'une parodie féroce dans l'épisode « Échec et mat pour les filles[2] », diffusé quelques mois après le scandale, avec le directeur Skinner dans le rôle de Summers.

Le jour où Hawking a piqué une bière à Homer

Le scientifique à Springfield joue donc un jeu dangereux. Mais pour celui qui est prêt à en accepter les règles, la satisfaction peut être énorme. Comme le sait bien Stephen Hawking, le père des trous noirs, le plus célèbre astrophysicien du monde. Il est, en outre, un fan inconditionnel des *Simpson*, au point de prêter son image et sa « voix » à un personnage dans un épisode. Les guillemets sont ici de rigueur : à cause de son handicap – la sclérose latérale amyotrophique (qui le contraint à se déplacer en fauteuil roulant depuis des années, complètement paralysé) –, Hawking a, en réalité, prêté la voix de son synthétiseur vocal. Donnant ainsi vie à un personnage

1. Conan O'Brien, « Le monorail », déjà cité.
2. Matt Selman, « Échec et mat pour les filles », 30 avril 2006 (HABF12).

animé qui parle à travers un faux ordinateur doublé par la « voix » du véritable ordinateur du personnage réel. Umberto Eco se délecterait de tant de mises en abyme... Toutefois, ici, ce n'est pas l'aspect sémiotique qui nous intéresse, mais plutôt de voir de quelle manière un des plus grands savants contemporains est représenté. Pour ensuite s'interroger sur les raisons qui l'ont poussé à accepter d'être représenté de cette manière. Passons donc à l'intrigue de cet extraordinaire épisode datant de 1999, intitulé « Les gros Q.I.[1] ».

Dégoûtée par la énième preuve de la stupidité de ses concitoyens – confirmée ici par la participation enthousiaste des habitants de Springfield au *reality show* de la KBBL, « Jusqu'à quel point êtes-vous prêt à vous abaisser ? », ainsi que par le caractère morbide des émissions télé, parmi lesquelles on trouve « Rediffusion des funérailles de Lady Di » –, Lisa écrit une lettre indignée au journal local. Elle y dénonce la déchéance culturelle de la ville, et propose des réformes éclairées. Son appel tombe dans le vide. Ou presque : au bout de quelques jours, Lisa reçoit un message anonyme qui l'invite à se rendre au numéro 13 de la rue Euclide, où siège une institution de haut vol : la Mensa de Springfield, un club privé dont l'unique condition d'admission est de posséder un Q.I. d'au moins 148. Le cercle au quotient intellectuel le plus élevé de la ville a donc remarqué la petite Lisa, et l'invite à faire partie de son élite restreinte. « Oooooh ! Vous m'accepteriez comme membre ? C'est merveilleux ! », s'exclame-t-elle avec l'émotion de la petite fille qui s'est si longtemps sentie exclue justement à cause de son intelligence.

Encouragés par l'enthousiasme de la nouvelle arrivée, les membres de la Mensa décident que le moment est venu d'accomplir quelque chose d'important, de se salir les mains, d'aller sur le terrain : après avoir forcé Quimby, le maire pas très honnête, à céder sa place, ils prennent le contrôle de Springfield et établissent un programme de réformes radicales visant à rendre aux citoyens

1. Matt Selman, « Les gros Q.I. », 9 mai 1999 (AABF18).

leur dignité et leur culture. Un peu trop radicales, peut-être, du moins au goût des Springfieldiens. Leur programme ambitieux de « gouvernement intelligent » prévoit en effet, à côté de propositions raisonnables telles que l'abolition de la corrida et du combat de coqs, l'introduction de règles assez bizarres, comme l'interdiction « du hockey, du football, des pompes et tout ce qui va, en général, vous obliger à retirer votre chemise, ce qui est gênant... », ou encore la permission de « s'accoupler une seule fois tous les sept ans ». Au moment de la présentation de cette dernière proposition, la situation dégénère. Les Springfieldiens, déjà perplexes et agacés devant ces gros Q.I. qui veulent tout gouverner, deviennent agressifs, pendant que les membres de la Mensa se mettent à se bagarrer pour savoir qui d'entre eux a le quotient intellectuel le plus élevé. C'est à ce moment-là que l'on voit sortir de la foule un personnage en fauteuil roulant dont le Q.I. n'a pas de rival : 280 ! Il s'agit de Stephen Hawking.

Hawking : Je venais observer la ville des utopistes. En fait, je m'aperçois que c'est plutôt celle des fumistes !

Skinner : Ha, ha, ha ! Je pense que ce que le professeur Hawking veut dire...

Hawking : Silence ! Je n'ai besoin de personne pour parler à ma place ! Cette boîte vocale me suffit ! Visiblement, le pouvoir vous a corrompu. Honte à vous !

Homer : *[Dans la foule]* Larry Flynt a raison. Vous craignez, les mecs !

Springfieldiens : Ouaiis !!

Hawking : Je ne sais pas ce qui me déçoit le plus. Mon échec à formuler une théorie du champ unifié ou vous...

Vexé par le ton que prend Hawking, Skinner le défie de le frapper. Le savant ne se le fait pas répéter deux fois : il actionne un bouton, un gant de boxe sur ressort jailli de la chaise et frappe Skinner en pleine tête. La foule exaltée commence à s'énerver.

Alors, je ne sais pas à quoi Stephen Hawking faisait référence quand il a déclaré au *New York Times* que *Les Simpson* était le plus intelligent programme jamais diffusé à la télévision[1], mais j'aime à croire qu'il pensait à une scène comme celle-ci, dans laquelle on offre aux spectateurs une suite vertigineuse de citations avec tant de générosité et de rapidité que l'on frise le gaspillage. La référence la plus hermétique est l'allusion à l'échec à formuler une théorie du champ unifié, capable d'intégrer dans un modèle unique la force gravitationnelle et les autres interactions fondamentales : c'est le rêve encore non accompli des physiciens théoriques, depuis Einstein jusqu'à Hawking. Mais il y a aussi une référence on ne peut plus pop et désacralisante, à savoir le rapprochement Hawking/Flynt. Larry Flynt, l'éditeur controversé de *Hustler* et de beaucoup d'autres revues et vidéos pornographiques, n'a probablement aucun autre point commun avec le scientifique que celui du moyen de locomotion : le fauteuil roulant.

Rien que le fait qu'Homer, en voyant une célébrité en fauteuil roulant, pense immédiatement à Larry Flynt, représente un exemple d'incursion dans l'imaginaire populaire contemporain – du moins, celui des Américains – qui est, à mon sens, génial : là, oui, on peut dire qu'on descend de la tour d'ivoire. Mais l'irrévérence talentueuse du scénariste, et avec elle l'autodérision d'Hawking, atteint des sommets dans la scène suivante, lorsque le savant, pour échapper à la bagarre, appuie sur le bouton censé transformer le fauteuil roulant en hélicoptère. Malheureusement, le bras mécanique qui s'actionne est celui de la brosse à dents électrique : le savant au Q.I. de 280 s'est trompé de bouton.

Comme si ça n'était pas déjà suffisant, l'épisode se poursuit avec des dialogues surréalistes et politiquement incorrects : de Homer qui demande à Lisa si elle s'est bien amusée avec son « ami robot », à Hawking qui affirme être le seul génie à ne jamais se comporter de manière puérile, pour tout de suite prouver le contraire en se

1. Voir l'introduction.

chamaillant avec Marge l'exclusivité d'une pensée philosophique sur la vision différente du monde que chacun a. Et c'est Marge, et non Hawking, qui met sagement un terme à la discussion sur un ton pragmatique : « Qui boira une bière ? » « Moi ! », s'exclame Homer. « C'est la seule chose sensée que j'ai entendue aujourd'hui ! », remarque Hawking.

Moins de deux minutes sont passées depuis son apparition, mais le portrait est déjà établi. Qu'ils sachent ou non qui est Hawking, qu'ils aient compris ou non les références scientifiques et populaires, les enfants qui regardent l'épisode se sont bel et bien fait une représentation du savant. Et il s'agit d'une représentation bien différente de celle que l'on a tendance à leur proposer à l'école, aux informations ou dans les livres. Pas de cérémonie, aucune rhétorique ennuyeuse pour contrebalancer la terrible condition dont il est affligé. Seulement un grand savant qui ressemble à un robot, qui parle comme un robot, et ne dit pas non à une petite bière avec Homer.

Pendant la dernière scène, on les retrouve au bar de Moe, c'est l'occasion d'un échange délectable :

Hawking : Votre théorie sur un univers en forme de *donut* m'intrigue beaucoup, Homer. Je pourrais être amené à vous l'emprunter.
Homer : Wahou, j'en reviens pas que quelqu'un dont j'ai jamais entendu parler discute avec un type comme moi !
Moe : C'est pas tout ça, je ferme. Qui paie l'addition ?
Homer : *[Voix robotisée]* C'est moi.
Hawking : Je n'ai pas dit ça !
Homer : *[Voix robotisée]* Si je l'ai dit ! *[Hawking lui envoie son gant de boxe dans la figure. Toujours d'une voix robotisée...]* D'oh !

Il est peut-être superflu de le préciser, mais la théorie d'un univers en forme de *donut*, qui n'est pas de l'invention d'Homer, fait partie des théories les plus en vogue chez les cosmologues : le modèle toroïdal (le terme technique employé pour décrire la forme d'un *donut*) permet, en effet, d'illustrer avec une certaine élégance aussi bien certaines données ressorties de l'étude du rayonnement cosmique de fond que certains aspects de la théorie des cordes, comme l'existence d'un nombre de dimensions supérieur aux quatre auxquelles nous sommes habitués, trois dimensions spatiales plus une temporelle.

Quelle que soit sa forme, ce qui compte ici c'est qu'il existe un univers où Hawking et Homer, le plus grand des savants et le dernier des abrutis, ont la possibilité et l'envie de se fréquenter et de discuter en tête-à-tête, comme le comprend Homer avec une subtilité extrême. Un univers où, même en y étant montré comme violent, arrogant et antipathique, Stephen Hawking en ressort comme un personnage irrésistible. Avec sa disposition – animée et réelle – à se jeter sans aucune hésitation dans la mêlée. Ou sur une chope de bière.

CHAPITRE 6

Question de méthode

« Le cours de science ne doit pas se terminer en tragédie », dit la phrase écrite au tableau par Bart au début de « À bas le sergent Skinner[1] ».

On fait ici allusion aux tragédies provoquées, plus souvent avec dol que sans, par les expériences scientifiques qu'effectuent les élèves de l'école primaire de Springfield dans le cadre des nombreux exposés didactiques, que ce soit à la maison ou dans les laboratoires de l'école. Une des singularités qui surprend la plupart des spectateurs italiens des *Simpson* est justement la quantité de temps consacrée aux sciences à l'école de Springfield. Alors qu'en Italie, on entend régulièrement des demandes d'augmentation des heures de musique, d'éducation physique, d'éducation civique ou d'histoire de l'art, selon les prédilections du président ou du ministre du moment, mademoiselle Krapabelle (l'institutrice de Bart) et mademoiselle Hoover (celle de Lisa), en bons enseignants américains pragmatiques, consacrent une grosse part des heures de classe aux sciences. De plus, quand Lisa et Bart sont occupés à faire leurs devoirs à la maison (situation fréquente pour la première, mais très rare pour le second), dans quatre cas sur cinq il s'agit d'un devoir de science.

1. Tim Long, « À bas le sergent Skinner », 17 décembre 2001 (CABF06).

Malgré les limites pédagogiques et relationnelles de mademoiselle Krapabelle et de mademoiselle Hoover, les résultats sont visibles, et pas seulement sur une élève modèle comme Lisa : les heures passées au laboratoire de science servent à quelque chose, même pour un champion de la paresse et du rejet de l'école tel que Bart.

Des W-C désobéissants

De toutes les légendes urbaines à caractère scientifique, une des plus célèbres est sans doute celle du sens de rotation de l'évacuation d'eau dans les lavabos. Sur la base d'une considération approximative sur la force de Coriolis, et notamment sur l'effet produit par les différentes vitesses de rotation de la surface terrestre selon les variations de latitude, il y a une croyance commune qui dit que les tourbillons d'eau qui se forment quand on enlève le bouchon du lavabo ou de la baignoire, ont tendance à s'écouler dans le sens inverse des aiguilles d'une montre dans notre hémisphère, et dans le sens des aiguilles d'une montre dans l'hémisphère Sud. En réalité, la force de Coriolis est trop faible, comparée à toutes les autres variables en jeu, pour pouvoir déterminer le sens de rotation de l'eau qui s'évacue : c'est plutôt sur les fluides de systèmes à grande échelle, tels que les courants océaniques ou atmosphériques, que l'on peut en apprécier les conséquences. Toutefois, il ne faut pas négliger le pouvoir de suggestion qu'a la force de Coriolis sur les jeunes esprits : il suffit de se rendre sur l'un des nombreux forums sur Internet, de type « Demande à l'expert », pour tomber sur des questions récurrentes, posées par des garçons et filles du monde entier, sur ce phénomène étrange.

Bart en fait la découverte de la manière la plus traumatisante qui soit, c'est-à-dire en perdant un défi contre sa sœur, au début de l'épisode « Bart contre l'Australie[1] ». C'est une scène du quotidien qui a quelque chose d'émouvant, pour toute personne ayant déjà

1. Bill Oakley et Josh Weinstein, « Bart contre l'Australie », déjà cité.

eu l'occasion de s'émouvoir devant les premiers pas d'un enfant en méthode expérimentale : on peut y voir Lisa et Bart en pyjama, les pieds nus, au bord du lavabo, en train de faire la course pour voir lequel de leur produit rejoindra le plus vite le siphon. « Allez, le dentifrice ! Allez ! Bouge-toi les fesses, mollasson ! », s'écrie Bart, pendant que le cœur de sa sœur ne bat que pour le shampooing. Et c'est le shampooing de Lisa qui passe la ligne d'arrivée en premier, à la grande déception de son frère :

Bart : C'est pas juste ! T'as gagné parce que t'avais la piste intérieure. Si l'eau avait tourné dans l'autre sens…

Lisa : Elle ne tourne jamais dans l'autre sens. Dans l'hémisphère Nord, l'eau s'écoule dans le sens inverse des aiguilles d'une montre. On appelle ça l'effet Coriolis.

Bart : N'importe quoi ! L'eau n'obéit pas à tes règles ! Elle va où elle veut. Comme moi, ma vieille.

Lisa : Oui, Bart… Tu n'as qu'à essayer, tu verras.

« Essaye et tu verras ». En fin de compte, tout est là, dans le fait de ne pas accepter les yeux fermés la croyance populaire, les apparences ou le principe d'autorité (« L'eau n'obéit pas à tes règles ! »), et de préparer une expérience afin de mettre sa sœur en échec. D'autre part, l'enjeu n'est pas la note pour un devoir donné par mademoiselle Krapabelle : ici, c'est la dignité même de Bart qui est en jeu.

« Essaye et tu verras ». Avec cette motivation, le jeune Simpson se met à essayer par tous les moyens, plus ou moins orthodoxes, de faire s'écouler l'eau dans le sens des aiguilles d'une montre. Puisque ce ne sont ni l'entêtement ni la hardiesse qui font défaut à Bart, il tente même le coup avec la chasse d'eau : « Mes fidèles waters ! Vous allez prouver que j'ai raison ! », s'exclame-t-il dans une scène splendide, où on le voit tenter de repousser l'eau avec ses mains tout en continuant de tirer la chasse d'eau. Rien à faire : il semble qu'encore une fois Lisa ait raison, elle qui ne cesse de répéter que l'eau ne tourne dans l'autre sens que dans l'hémisphère Sud.

Loin de renoncer, après s'être fait expliquer ce que signifie cette mystérieuse expression « hémisphère Sud » (« En bas… Alors disons, en Argentine, toute leur eau tourne à l'envers ? », demande-t-il à Lisa), Bart imagine une nouvelle tactique qui permettrait de rabattre le caquet de miss Je-sais-tout : téléphoner aux habitants de l'hémisphère Sud jusqu'à ce qu'il en trouve au moins un dont l'eau des toilettes s'écoule dans le sens inverse des aiguilles d'une montre. Il est difficile de dire si cette initiative est le fruit d'une précocité cognitive surprenante (par rapport au standard de Springfield) ou de l'entraînement scolaire. Il est certain qu'une expérience entreprise aussi rapidement montre que Bart a compris un concept tel que le critère de falsifiabilité de Popper, qui est loin d'être intuitif. Ou plutôt, il est bien conscient de ce que ça implique : le jeune garçon ne sait probablement pas que c'est son aspect falsifiable qui rend la théorie énoncée par Lisa scientifique, mais il est capable de percevoir l'avantage que lui offre cette précieuse caractéristique. Il suffit de trouver des W-C désobéissants, une seule chasse d'eau au-delà de l'équateur où l'eau va où bon lui semble, et Lisa sera battue sur son propre terrain. Celui de la science.

À vrai dire, il aurait été beaucoup plus efficace et certainement plus économique de se tourner d'abord vers les voisins, sans limiter aux murs de la maison la recherche de tourbillons qui s'écoulent dans le sens des aiguilles d'une montre dans l'hémisphère Nord. Cela d'un point de vue strictement scientifique, toutefois. Car c'est justement sur le mode d'expérimentation et sur le prix à payer pour la mener à son terme que repose toute l'intrigue : l'histoire du voyage de la famille Simpson en Australie, dans le but d'apaiser un conflit diplomatique international né à cause d'une facture de téléphone exorbitante. Comme quoi, la recherche expérimentale a un prix, même quand c'est un garçon de dix ans qui la supervise.

Sans compter que l'élargissement de l'enquête à l'hémisphère austral offre aux scénaristes l'occasion de faire plus d'une allusion irrévérente à la recherche scientifique et technologique américaine. Cela nous permet, par exemple, de découvrir que les scientifiques de la station de recherche Pôle Sud, effarés de s'apercevoir – sur sollicitation de Bart au téléphone – que l'eau de leurs toilettes est gelée, ont l'habitude de s'y rendre avec à la main la revue érotique *Swimsuit*. Sans parler du sarcasme autour de l'usage que feraient les États-Unis de leur supériorité technologique, représentée dans cet épisode par les toilettes de l'ambassade américaine de Canberra, qui disposent d'un monstrueux dispositif mis en place pour lutter contre « le mal du pays » en inversant le sens de rotation de l'eau de la chasse.

En tout cas, la scène où l'on voit Homer en larmes devant les seuls W-C de l'hémisphère Sud où l'eau s'évacue dans le sens inverse des aiguilles d'une montre, tout en chantant avec émotion *America, My Country, This of Thee* (chanson patriotique traditionnelle), est une des scènes les plus comiques de toute la série.

Plus bête qu'un hamster ?

C'est bien de falsifier, mais ça ne suffit pas : il faut d'abord trouver une théorie falsifiable. De quelle manière ? Les étapes essentielles, sauf exception, sont *grosso modo* toujours les mêmes : définir le problème, recueillir des informations, formuler des hypothèses, préparer des expériences permettant de les mettre à l'épreuve, analyser les données, les interpréter et enfin rendre publiques les conclusions auxquelles on est arrivé et les détails de la méthode suivie, afin que d'autres puissent refaire la même chose. Bref, c'est un processus compliqué et souvent répétitif, en apparence peu susceptible de servir de parcours narratif à la trame d'un dessin animé.

Il suffit pourtant de regarder « Ne lui jetez pas la première bière[1] » pour changer d'avis : au cours de l'épisode, les scénaristes des *Simpson* parviennent à rendre, en quelques minutes, toute l'excitation et les trépidations de la recherche expérimentale, en transformant un simple devoir à la maison en une véritable aventure

1. David M. Stern, « Ne lui jetez pas la première bière », déjà cité.

de l'intellect. Un voyage aux sources revigorantes de la curiosité et de la rigueur. Et en même temps, un regard inquiétant sur le « cœur de ténèbres » de la science, sur certaines de ses motivations indicibles et sur les conflits éthiques qu'elle peut soulever. Évidemment, tout se présente à la Simpson : aucune visée pédagogique et un dénouement pyrotechnique.

L'épisode démarre en trombe, avec le directeur Skinner qui, en observant satisfait le déroulement des activités scientifiques, dit à mademoiselle Krapabelle : « Edna, pour une école qui ne compte aucun enfant asiatique, je trouve que notre exposition scientifique a fière allure. » Pour comprendre cette réplique, il faut avoir à l'esprit que les Américains d'origine asiatique, même s'ils forment moins de 5 % de la population, représentent entre 10 et 30 % des étudiants admis dans les plus prestigieuses universités[1] : les étudiants asiatiques montrent, dans les matières scientifiques particulièrement, une nette supériorité sur les autres étudiants du même âge.

En tout cas, Skinner a raison : cette fois, les élèves de l'école primaire de Springfield sont motivés pour mener à bien leurs projets de science. Et certains d'entre eux sont vraiment dignes d'intérêt. Bart, par exemple, s'occupe d'étudier l'effet du tabac sur le comportement des chiens, de son chien plus précisément. Et le projet de Lisa a toutes les chances de remporter le premier prix : elle a fait pousser une tomate géante, « en la bourrant de stéroïdes anabolisants », explique-t-elle avec fierté à Homer, qui se montre complètement indifférent, malgré les invitations de sa femme à encourager sa fille. Grâce à cette invention, Lisa espère non seulement remporter le premier prix, mais aussi résoudre le problème de la faim dans le monde. Cependant, Bart détruit la tomate géante de Lisa avant même qu'elle ait pu la présenter au concours. Furieuse, elle décide de présenter un second projet : ce sera cette fois-ci une étude de psychologie expérimentale. La petite fille commence par travailler tout comme le ferait un bon chercheur, en définissant le problème.

1. Timothy Egan, « Asian-Americans challenge ideas of race in U.S. universities », Herald Tribune, 7 janvier 2007.

Ainsi, elle écrit sur son carnet de bord : « Je me propose dans cette étude de répondre à la question : Mon frère est-il plus bête qu'un hamster ? »

Marge demeure un peu perplexe devant le fait que sa fille a l'intention de réaliser des expériences sur son fils, mais Lisa est bien trop motivée pour s'arrêter : « S'il te plaît, maman. C'est uniquement dans l'intérêt de la science », la rassure-t-elle, en savourant déjà sa vengeance pour le sort de sa tomate géante.

L'Histoire – et surtout celle du XXe siècle – a beaucoup à nous apprendre sur les atrocités qui peuvent être commises au nom de la recherche scientifique : des « expériences scientifiques » de Josef Mengele, l'ange de la mort d'Auschwitz, au recours fréquent à des cobayes humains par les « scientifiques » de l'Union soviétique, en passant par le projet Manhattan, qui amena à construire la première bombe atomique. Pour ne citer que les cas les plus choquants. Mais le thème des limites éthiques de la science est plus d'actualité que jamais : il suffit de penser aux polémiques continuelles sur les décisions des diverses commissions de bioéthique à propos de l'utilisation de cellules souches embryonnaires pour des recherches, ou concernant les protocoles cliniques sur des sujets volontaires pour vérifier l'efficacité pharmacologique de nouvelles molécules.

En réalité, les inquiétudes de Marge sont plutôt justifiées, car l'expérience imaginée par Lisa comporte un haut risque pathogène. Du point de vue de la méthode scientifique, en revanche, l'expérience est irréprochable. En premier lieu, Lisa se procure le « matériel » : en plus de son propre frère, déjà à portée de main, elle achète le plus intelligent hamster du magasin animalier de Springfield. Ensuite, dans le cadre d'une louable tentative pour réduire au minimum les variables indépendantes incontrôlables, elle construit un modèle miniature de la maison des Simpson, sans oublier le fameux canapé. Ainsi, elle commence à soumettre les deux sujets – tous deux ne se sachant pas sous observation – à des épreuves identiques, en transcrivant avec soin les temps de réaction et les résultats sur son carnet.

Comme il est facile de le prévoir, le hamster réussit toutes les épreuves mieux que Bart. Dans une reconstitution de l'expérience de Wolfgang Köhler (le psychologue de la Gestalt qui, en 1927, décrivit, dans *La Mentalité des singes*, la capacité des primates à utiliser des objets pour se procurer de la nourriture, par exemple en empilant des caisses de bois pour grimper), Lisa pose un produit comestible en haut des deux bibliothèques, celle de la maison Simpson et celle en miniature. Alors que le hamster comprend rapidement qu'en déplaçant le canapé et en montant dessus, il peut atteindre la nourriture avec facilité, Bart s'obstine à escalader la bibliothèque, qui ne tarde pas à lui tomber dessus : « Le hamster : un ; Bart : zéro », telle est la notation laconique qu'inscrit Lisa satisfaite dans son carnet.

Le test suivant a pour modèle une variante sadique de la « cage de Skinner » (en l'occurrence, ici, Skinner n'est pas le directeur de l'école, mais le psychologue comportementaliste). Cette fois-ci, la nourriture est à portée de main, mais reliée à une pile de faible puissance capable de transmettre une décharge quand on la touche. De nouveau, tandis que le hamster apprend immédiatement à se méfier de ce mets appétissant, Bart, malgré la présence d'un panneau invitant à ne pas le toucher, continue de manière compulsive à tenter de s'approprier le gâteau posé sur la table de la cuisine, recevant à chaque tentative une douloureuse décharge. « Le hamster : deux ; Bart : zéro ». Mais c'est là que commencent à se faire sentir les effets psychologiques de l'expérience : Marge demande à Bart d'aller chercher des gâteaux et celui-ci s'écroule à terre, victime d'une attaque convulsive.

L'expérience de Lisa a rencontré le succès sur toute la ligne : non seulement Bart semble plus bête qu'un hamster, mais il est même devenu victime d'un conditionnement pavlovien. Le moment de la dernière étape est donc venu : rendre publiques les conclusions. Certaine de son triomphe, Lisa se présente à l'exposition scientifique avec son gros cahier sous le bras et s'apprête à installer le décor de son expérience, quand des acclamations parviennent du stand voisin : à son tour, Bart a conçu une expérimentation permettant de répondre à la question qui tourmente les scientifiques depuis des siècles, explique-t-il : « Un hamster peut-il piloter un avion ? » Le sujet de l'expérience « scientifique » de Bart est naturellement le hamster de Lisa, placé pour l'occasion dans l'habitacle d'un modèle réduit d'avion. Bien que le petit avion ne puisse pas voler, la foule est immédiatement séduite par cet adorable rongeur en élégant costume de pilote de la Seconde Guerre mondiale : « Oh, regarde ! Il a des lunettes miniatures », s'exclame un des parents. « Et une petite écharpe, si c'est pas mignon ! », commente un autre.

Bart est peut-être plus bête qu'un hamster, mais il semble qu'il ait parfaitement compris ce que les gens attendent de la science. Lisa a beau protester en dénonçant la nullité du projet de son frère sur le plan scientifique, les membres du jury lui rabattent vite le caquet : « Fiche le camp, morveuse ! », « Pisse-vinaigre ! » Comme le lui explique Skinner sur un ton lapidaire au moment de la remise du premier prix à Bart, « tout bon scientifique est à moitié Pavlov et à moitié Walt Disney ». De ce point de vue là, Bart s'est vraiment montré à la hauteur de la situation. Et ce, pas seulement pour Springfield.

Allez demander à un astrophysicien quelle est la valeur scientifique des travaux de Margherita Hack, ou à un géologue de se prononcer sur ceux de Mario Tozzi, en citant ici les noms de deux scientifiques parmi les plus célèbres en Italie, et vous serez probablement étonnés : certes, dans leur CV, on recense un certain nombre de publications valables, mais il y a de nombreux chercheurs qui, dans leurs secteurs respectifs, ont publié un nombre plus important d'études présentant un plus grand intérêt scientifique. Il n'y a pas matière à se scandaliser ou à être déçu, puisqu'il est normal qu'il en soit ainsi, comme nous l'enseigne Skinner : « moitié Pavlov et moitié Walt Disney », telle est la recette idéale pour faire le succès d'un scientifique. Du moins, hors du périmètre restreint des laboratoires et des centres de recherche. Hack et Tozzi l'ont bien compris.

Comme l'a expliqué Michael Gross, un célèbre journaliste scientifique, en priant dans les pages du *Guardian* qu'elle ne s'arrête jamais, la série *Les Simpson* a été en mesure « d'amener la méthode scientifique dans un dessin animé, et en même temps de donner aux scientifiques une modeste leçon de vie réelle[1] ».

Passion et application

Ce n'est pas seulement grâce à l'école élémentaire de Springfield qu'à la fois Bart et Lisa montrent une propension aussi prononcée pour les sciences. Aussi incroyable que cela puisse paraître, leur vie de famille leur offre également un contexte étrangement propice. C'est justement pendant une longue grève des enseignants que Lisa[2], en crise de manque d'école (« Note-moi ! Regarde-moi ! Évalue-moi ! Note-moi ! », implore-t-elle dans une scène déchirante, laissant Marge déconcertée), réalise sa plus stupéfiante expérience domestique : une machine rudimentaire à mouvement perpétuel. « Vise un peu ce truc, il va de plus en plus vite ! », observe Homer effrayé avant d'aller gronder sa fille, avec une injonction qui est célèbre chez les fans de la série : « Lisa, viens voir papa ! Dans cette maison, on respecte les lois de la thermodynamique ! »

On ne pourrait pas faire moins scientifique – ni plus représentatif du mode d'argumentation propre aux adultes de Springfield – que cette réaction d'Homer : les lois de la physique sont traitées comme un article de la Constitution, qu'il faut respecter plutôt que mettre à l'épreuve. Popper aurait été horrifié (ou, plus probablement, il aurait apprécié l'ironie, et se serait même proposé comme *guest star* aux scénaristes). En même temps, on trouve difficilement d'autres programmes de divertissement à la télévision faisant référence de manière si explicite et ponctuelle à la thermodynamique. Autrement dit, malgré son attitude antiscientifique, Homer démontre qu'il connaît la science, et comment !

1. Michael Gross, « Eat my lab coat », *The Guardian*, 30 octobre 2003.
2. Jennifer Crittenden, « Il faut Bart le fer quand il est chaud », 16 avril 1995 (2F19).

Marge n'a rien à lui envier. Bien que ses interventions à propos de la science ne soient pas aussi brillantes que l'allusion de son mari à la thermodynamique, elles ont une grâce et un réalisme qui laissent pantois. Une scène parmi tant d'autres peut suffire à en donner un aperçu. Ce n'est pas un moment amusant, ni mordant, mais extraordinairement normal : cela pourrait se passer n'importe où la nuit, dans n'importe quelle famille. On peut même dire qu'une chose similaire a lieu chaque soir, dans une partie du monde. Mais c'est un exemple excellent, de par son minimalisme et son intimité domestique, du contexte où l'idée de « se consacrer à la science » peut se manifester concrètement, même loin des laboratoires et de l'université.

Bart, déjà couché, demande à sa mère si elle peut l'aider pour un devoir de science : il doit construire une maquette animée du système digestif. Marge serait heureuse de le faire, mais quand Bart lui explique que la maquette est à rendre le lendemain, elle perd patience et le laisse tout seul : cette fois-ci, ce ne sera pas elle qui lui sauvera la mise. Cependant, quand Bart dort, Marge est prise de remords et, par amour pour son fils, finit par céder. C'est alors qu'elle passe la nuit entière debout, dans la cuisine, à construire la maquette du système digestif. Elle la termine à l'aube, juste au moment où Bart et Lisa descendent pour le petit-déjeuner. Le résultat est spectaculaire, au point que même Bart, d'habitude peu enclin à s'enthousiasmer pour ce qui touche l'école, s'exclame avec surprise : « Waouh ! C'est trop top, m'man ! Un de tes meilleurs travaux pratiques ! »

Certes, la nuit passée par Marge à réaliser la maquette du système digestif ne rentre pas dans les activités canoniques de la Science, pas non plus dans celles de la science avec un *s* minuscule. Et on ne remporte bien évidemment pas un Nobel pour un travail de ce genre. Pourtant, à l'origine de la passion pour la recherche de nombreux grands savants, on trouve aussi des professeurs et des parents tels que Marge. *Les Simpson* a même su percevoir et représenter cet aspect.

Alarme pensée originale

De toute façon, la championne indéniable de la famille en matière de science reste Lisa. Et dans son cas, il ne s'agit pas seulement de passion et d'application. C'est sa capacité à argumenter, à raisonner avec son propre cerveau qui la distingue des autres habitants de Springfield, ville où l'indépendance de la pensée est considérée comme un véritable outrage.

Un des plus grands moments de la série a justement à voir avec ce thème, et nous le trouvons dans un épisode dont nous avons déjà discuté dans le chapitre sur l'alimentation : « Lisa la végétarienne ». Tout commence pendant une expérience en classe qui consiste à disséquer des vers de terre. Éthiquement contre la violence gratuite à l'égard des animaux, Lisa refuse de le faire. Sur ce, mademoiselle Hoover, tout en affirmant qu'elle respecte l'objection de conscience de son élève, presse un bouton situé sous son bureau, directement relié à celui du directeur Skinner, actionnant ainsi l'« ALARME PENSÉE ORIGINALE ». Dans la scène suivante, nous retrouvons Lisa dans la file de la cantine, et il vaut la peine de s'attarder un peu à ses côtés, pendant qu'elle demande s'il est possible d'avoir un plat qui ne contienne pas de viande :

Dame de cantine : *[L'air hostile, une cigarette à la bouche]* Peut-être le hachis Parmentier.

Lisa : Je crois savoir que vous êtes tenue de proposer au moins un plat végétarien.

Dame de cantine : *[Elle prend un hot-dog, en retire la saucisse et lui donne le pain]* Un bon petit pain bien nourrissant.

Lisa : Vous vous rappelez quand vous avez cessé d'être passionnée par ce travail ?

Sans montrer aucun trouble devant la grave provocation de Lisa au sujet de son attitude au travail, la dame de cantine, au lieu de répondre, presse à son tour un autre bouton « ALARME PENSÉE ORIGINALE ». On se retrouve à nouveau dans le bureau du directeur Skinner, qui réagit avec inquiétude : « Oh, oh ! Deux pensées personnelles dans la même journée. Les élèves sont trop stimulés. »

Puis, en s'adressant au concierge de l'école : « Willy, retirez toutes les craies de couleur des salles de classe ! »

La référence indirecte – par le biais des craies de couleur qui stimuleraient *trop* les élèves – à la méthode Montessori et aux approches pédagogiques analogues visant à stimuler la créativité et l'autonomie des élèves apparaît alors comme un coup de maître. Mais le fait d'avoir inséré dans un contexte scolaire un dispositif tel que le bouton « ALARME PENSÉE ORIGINALE » relève du génie (ce n'est pas un hasard si le scénario est ici signé David Cohen). Il y a là quelque chose d'une inestimable valeur éducative, dans le sens le plus élevé du terme.

Peut-être qu'avant de protester contre la présumée vulgarité des *Simpson*, comme c'est le cas le plus fréquemment depuis la naissance de la série[1], les plus inquiets des parents et des enseignants tireraient un bénéfice à regarder des épisodes comme ceux qui sont décrits dans ces pages. La série *Les Simpson* n'expose pas le contenu de la science comme peuvent le faire un documentaire, une conférence, un livre ou une visite au musée, certes ; mais elle enseigne une chose autrement plus fondamentale, et beaucoup plus difficile à transmettre : observer la réalité de manière scientifique. Cette attitude, composée de curiosité et de rigueur, est parfaitement incarnée par Lisa. Mais elle est aussi faite de passion, comme l'enseigne Marge. D'irrévérence, telle est la leçon de Bart. Enfin, surtout, de cette indépendance de pensée dont Lisa est le modèle incontestable. Et le fait que cette dernière capacité soit considérée comme un signe de révolte est à la fois ironique et alarmant.

1. Dans les rapports mensuels de l'Observatoire TV du Moige – le mouvement italien des parents – (téléchargeables sur le site www.genitori.it), par exemple, *Les Simpson* se trouve plusieurs fois en tête de la liste des programmes pour enfants « les plus contestés ».

CHAPITRE 7

Homer sapiens

Il est rare que *Les Simpson* se répète. Bien sûr, les épisodes sous forme d'anthologie ne manquent pas, assemblés à partir de scènes déjà diffusées lors d'épisodes précédents. Les références internes à la série sont aussi assez fréquentes. En revanche, quant aux sujets traités, les quatre cents épisodes des dix-huit premières saisons offrent une riche variété. Avec une exception considérable : un thème bien précis auquel sont consacrés deux épisodes. On ne parle pas ici de simples références ou d'allusions plus ou moins sporadiques, mais bien de *deux* histoires *entièrement* centrées sur ce thème très particulier : la querelle entre évolutionnisme et créationnisme.

On pourrait penser que cette controverse entre Darwin et la religion est anachronique. En effet, lorsque le premier des deux épisodes, « Les ailes du délire[1] », a été diffusé (en 1997 aux États-Unis, l'année suivante en Italie), le choix du sujet a probablement laissé perplexe la majeure partie des spectateurs européens. Ou plutôt, seule une minorité d'entre eux s'est rendu compte de l'actualité d'un conflit qui paraissait alors relégué dans les livres d'histoire, aux côtés de l'abjuration de Galilée et des autres pages obscures du rapport entre science et foi.

1. David X. Cohen, « Les ailes du délire », déjà cité.

Ça n'a pas été le cas aux États-Unis, où dans les années quatre-vingt-dix – surtout à cause de la diffusion d'une théorie se posant comme une alternative « scientifique » à l'évolution, celle du *dessein intelligent* –, on a assisté à la reprise du débat sur l'évolutionnisme : ce dernier est-il acceptable et doit-on vraiment l'enseigner dans les écoles publiques ? Apaisé depuis longtemps mais jamais complètement clos, le débat s'enflamma quelques années plus tard, pendant la campagne électorale de 2000-2001, remportée par George W. Bush grâce aussi à l'appui des mouvements chrétiens fondamentalistes des États du Sud, que l'on surnomme la *Bible Belt*, parmi lesquels on compte les plus féroces adversaires de l'évolutionnisme.

Pour se faire une idée de l'impact qu'un épisode sur le conflit entre créationnistes et évolutionnistes peut avoir eu sur les spectateurs américains de la fin des années quatre-vingt-dix, il est peut-être suffisant de s'intéresser aux données énoncées dans ce passage du *Rapport final de la commission Darwin* (une commission italienne dont nous parlerons brièvement) :

> Rappelons qu'aux USA, selon un récent sondage Gallup, seuls 12 % croient que l'homme descend d'autres formes de vie sans aucune intervention d'un dieu : [...] ces vingt dernières années [...] la position des créationnistes ou de ceux qui professent une croyance en un « dessein intelligent » – Dieu lui seul et non l'évolution a créé l'homme – ne rassemble pas moins de 44 % de l'opinion. Autrement dit, presque la moitié des Américains estime que Charles Darwin s'est trompé. Au début du mois de décembre 2004, la revue *Newsweek* a rapporté que 62 % des Américains pensent que « la science de la création » devrait être enseignée en plus de la théorie de l'évolution dans les écoles publiques, alors que 26 % s'y opposent. 43 % soutiennent que « la science de la création », ou « dessein intelligent », devrait remplacer l'évolutionnisme darwinien ; 40 % sont contre[1].

Dans le meilleur des cas, on peut dire que c'est l'image d'une société coupée en deux. Une société dans laquelle la querelle entre

1. Extrait de la version originale du *Rapport*, ensuite corrigé, publié dans « L'affare Darwin/Moratti », Telmo PIEVANI, *Micromega*, 6 (2005).

évolutionnisme et créationnisme – ce dernier s'étant relooké, avec le dessein intelligent – est loin d'être dépassée et de se limiter au questionnement métaphysique des individus. Il suffit de penser qu'au moins jusqu'en 2005, dans plusieurs écoles du Tennessee et de la Géorgie, on appliquait sur le frontispice des livres de sciences un autocollant aux lettres noires sur fond blanc, du même type que les mises en garde sur les paquets de cigarettes, qui comportait l'avertissement suivant :

> Ce livre contient des éléments sur l'évolution. L'évolution est une théorie, et non un fait, sur l'origine des choses vivantes. Ces éléments doivent être appréhendés avec l'esprit ouvert, étudiés avec attention et considérés de manière critique.

Comme pour dire : l'évolution peut causer de graves dommages à l'esprit. Et l'on est aux États-Unis d'Amérique, au XXIe siècle !

Mythes de la création

En voulant voir le verre à moitié plein, nous pourrions dire que de cette manière les spectateurs américains ont eu plus de chance que les autres, car ils ont pu profiter pleinement de l'épisode « Les ailes du délire ». Cependant, nous ne sommes pas loin de nous retrouver dans la même situation, du moins en Italie : « Si nous n'intervenons pas rapidement et de manière décisive », concluaient en 2005 les rédacteurs du rapport cité plus haut (parmi lesquels figure, en qualité de président, le prix Nobel Rita Levi Montalcini), « bientôt, en Italie aussi, des sondages de ce type donneront probablement des résultats peu différents. »

Pessimisme injustifié ? Il semblerait bien que non : si la commission Darwin a été créée, c'est parce que, le 2 mars 2005, les nouveaux programmes ministériels étaient parus dans la *Gazzetta Ufficiale*. Eh bien, dans la section consacrée aux écoles primaires et aux collèges, toute allusion à l'évolution avait étrangement disparu ! Un « oubli », si l'on peut dire, qui n'est pas passé inaperçu : les semaines suivantes, une pétition réunissant presque cinquante mille signatures de personnalités plus ou moins prestigieuses – de membres de l'académie des Lincei[1] à des lecteurs de *La Repubblica* – a forcé la ministre de l'Éducation de l'époque, Letizia Moratti, à faire marche arrière, en nommant expressément une commission pour s'occuper du problème. Résultat : le 17 novembre 2005, Darwin a été comme qui dirait « réadmis » dans les programmes scolaires[2].

Le danger a donc été écarté, au moins pour quelque temps. Mais cela reste une leçon à garder en mémoire. Si ce n'est parce qu'elle a donné aux spectateurs italiens l'occasion d'apprécier le deuxième épisode des *Simpson* sur le sujet : « Le vrai descendant du singe[3] », diffusé en 2006 aux États-Unis et en 2007 en Italie.

L'épisode s'ouvre sur le trio le plus dévot de Springfield – Ned Flanders et ses fils Rod et Todd – en pleine visite du Musée d'histoire naturelle. Tous les trois, ne parvenant pas à rejoindre l'entrée de l'exposition temporaire très demandée sur les armes, sont obligés de se replier sur la Galerie de l'évolution. Ned demeure profondément choqué par les installations qui s'y trouvent : une reconstitution de l'évolution, une caverne avec les premiers ancêtres de l'homme et une vitrine contenant des « pièces de fossiles irréfutables » (sans parler de la réaction que provoquent chez lui les toilettes mixtes). « Comment pouvez-vous organiser une exposition sur l'origine de l'homme sans faire une seule fois référence à la Bible ? », demande-t-il scandalisé au guide, tout en masquant les yeux de ses enfants avec ses mains, pour ne pas leur laisser voir une telle horreur. En fait, il existe bien dans le musée un présentoir à teneur biblique : une représentation de la Genèse avec tous les personnages à leur place : Adam, Ève, le serpent et l'arbre de la connaissance.

1. L'Accademia dei Lincei est la plus ancienne académie scientifique du monde. Fondée en 1603, elle a compté, parmi ses premiers membres, Galilée. (N.d.T.)
2. Pour passer en revue ces mois fébriles, voir Carla Castellacci, « Il male e il rimedio : riflessioni sul'affare Darwin-Moratti », *Jcom*, 2, 2006 ; Anna Maria Zaccheddu, « Darwin salvato dai media », *Jekyll*, 17 mai 2004.
3. J. Steward Burns, « Le vrai descendant du singe », 14 mai 2006 (HABF14).

Ce genre d'objet exposé dans un musée d'histoire naturelle peut laisser sans voix, et pourtant cette singularité n'est pas réservée au monde jaune de Springfield : une salle identique[1] à celle représentée dans le dessin animé est présente, par exemple, au Musée d'histoire de la Terre d'Eureka Springs, dans l'Arkansas, le premier musée de paléontologie créationniste.

Le cas est presque moins grave dans le dessin animé : au moins, à côté du présentoir biblique du musée de Springfield, on trouve une légende disant : « Mythe de la création ». C'est justement ce qui énerve Ned : « Ma plus profonde conviction : un mythe ! » Il est temps de prendre des mesures. Avec l'aide du révérend Lovejoy, Ned oblige le directeur Skinner à mettre au programme l'enseignement de théories alternatives à l'évolution darwinienne. « Vous voulez dire... la théorie de Lamarck ? », tente d'esquiver Skinner, en suggérant un compromis plus qu'honorable entre Darwin et les alternatives créationnistes. Mais il n'y a pas de compromis qui tienne, particulièrement s'il est honorable : « Non, je parle de l'histoire d'Adam et Ève », précise le révérend Lovejoy afin d'éviter tout malentendu.

Darwin, cet ivrogne

La démarche d'intimidation fait vite son effet. Sous le regard menaçant de Ned et Lovejoy, débutent les leçons de créationnisme. « Mais, ce n'est pas de la science ! », s'exclame Lisa horrifiée, fidèle à son rôle de rabat-joie. On fait tout de suite taire cette fillette agnostique et impertinente. Et, comme c'est souvent le cas à l'école primaire de Springfield, un documentaire confectionné exprès est déjà prêt, au titre prometteur : *Une confrontation impartiale entre évolutionnisme et créationnisme.*

Bien que cet épisode n'ait pas la grandeur des meilleurs de la série, ce documentaire est si hilarant qu'il peut sans crainte soutenir

1. Véritablement identique en tout point : il n'y a qu'à voir la photo parue à l'intérieur de l'article de H. Allen Orr, « Intelligent design. Il creazionismo evoluto », *Le Scienze*, 446, 2005, p. 39.

la comparaison avec les autres films « éducatifs » projetés aux jeunes élèves de Springfield. « Alors, comme ça vous traitez Dieu de menteur ? », demande la voix *off* avant d'introduire la confrontation impartiale promise : « Saluons ces deux livres. Le premier, la Bible, a été écrit par Notre Seigneur. L'autre, *L'Origine des espèces*, a été écrit par un misérable ivrogne du nom de Charles Darwin. » Au même moment, une Bible tombe du ciel, entourée du halo diffus projeté par la lumière entrant par un œil-de-bœuf et accompagnée d'un chœur d'anges.

Le bon vieux Darwin (le même personnage animé déjà rencontré dans « Sous le signe du poisson », dont nous avons parlé au premier chapitre) sort, en revanche, avec peine d'un exemplaire inquiétant de *L'Origine des espèces*, avec sa longue barbe blanche, et accompagné de hard rock en fond sonore. Il se met alors à flirter avec Satan et à l'embrasser lascivement. La pauvre Lisa a beau protester, dire que « ce ne sont que des mensonges » et que Darwin est « l'un des plus grands esprits de tous les temps », tout semble évident aux yeux de la classe entière : il n'y a pas de doute, rien n'est plus clair… La Bible, c'est bien ; Darwin, c'est mal. Point.

Raillée et mise à l'écart par toute l'école, Lisa rentre à la maison furieuse et en quête d'appui, donnant ainsi le jour à une de ces scènes domestiques qui reviennent fréquemment dans *Les Simpson*, comme un leitmotiv. « Que se passe-t-il, ma chérie ? », lui demande Marge en la voyant entrer dans la cuisine en colère. « À l'école, on nous fait apprendre la théorie de la création », explique Lisa pleine d'amertume. « Aujourd'hui, nous avons eu un contrôle, et pour toutes les réponses il fallait mettre : "C'est Dieu qui l'a fait" ! »

L'échange qui suit mérite bien qu'on s'y attarde, car un dessin animé est rarement capable de recréer avec autant de réalisme psychologique une relation mère-fille aux prises avec un sujet aussi complexe et source de conflit, aussi bien sur le plan intellectuel qu'émotif :

Marge :	Moi, je pense que la meilleure chose à faire, c'est d'écouter les deux idées de manière impartiale. Peut-être que l'une peut s'intégrer à l'autre...
Lisa :	Mais... ces idées sont incompatibles !
Marge :	Lisa, tu sais, il arrive souvent que deux choses incompatibles soient toutes les deux vraies. Regarde, ton frère Bart, par exemple : c'est un voyou, et en même temps c'est un garçon extraordinaire. Ton père prétend être au travail, et en fait il est là à sauter sur le trampoline...
Lisa :	Ma petite maman, la question n'est pas là. Ici, il faut choisir entre la science et la foi.

Marge est sur le point de révéler quel est son choix, mais, après un moment d'hésitation, elle sort de la cuisine en courant. L'enjeu dépasse ici le débat entre évolutionnisme et créationnisme. Lisa, si fidèle à sa logique, ne peut pas accepter qu'on viole le principe de non-contradiction : les deux théories – peu importe laquelle est correcte – sont incompatibles, elles ne peuvent pas être toutes les deux vraies. Et le fait que Marge ne le comprenne pas est consternant pour Lisa. Marge, de son côté, est dans une situation encore plus délicate : déchirée entre sa foi et son amour pour sa fille, elle se retrouve en proie à un classique paradoxe pragmatique et, ne pouvant renoncer à aucun des deux, elle n'a d'autre possibilité que de refuser de choisir. Et cela par la fuite.

Comme d'habitude, ce sont les deux hommes de la maison qui vont s'occuper de détendre l'atmosphère, beaucoup trop sérieuse à leur goût : « Alors, d'après les créationnistes, l'homme des cavernes n'a jamais existé, c'est ça ? », demande Bart à table. « À la bonne heure ! J'ai jamais aimé leurs dessins dans les grottes », approuve Homer, heureux de pouvoir enfin exprimer ses convictions esthétiques sur les peintures rupestres. Pour ensuite conclure d'un ton sec, en faisant référence à nos artistes ancêtres : « Et pis'de toute façon, on aurait dit des hippies ! » Quel argument pourrait être plus approprié pour envoyer balader Darwin et ses amis ?

Viva la evolución

Le conflit s'étend à plus large échelle. N'ayant pas trouvé de soutien au sein de sa famille, Lisa décide de présenter une motion au Conseil communal, réclamant qu'on mette un terme à cet affront à la logique généré par l'enseignement simultané de deux théories inconciliables. La motion est tout de suite adoptée : dès lors, on enseignera seulement le créationnisme à l'école de Springfield.

C'est à ce moment-là que l'épisode laisse de côté le registre familial pour se transformer en remake d'un des plus célèbres procès de l'histoire des États-Unis : le célèbre procès Scopes, plus connu sous le nom de « procès du singe » (*Scopes Monkey Trial*) ; en effet, c'est à lui que fait référence le titre original de l'épisode : « The Monkey Suit ». Le procès Scopes eut lieu en 1925, à Dayton, Tennessee, et constitua une véritable division dans la controverse entre créationnisme et évolutionnisme. John Thomas Scopes, l'accusé, était un jeune enseignant de biologie de l'école publique de Dayton. Le chef d'accusation retenu contre lui était le suivant : avoir parlé en classe de la théorie de l'évolution de Darwin, en dépit d'une loi promulguée peu de temps auparavant, interdisant de manière explicite d'enseigner, dans les écoles publiques du Tennessee, toute théorie pouvant nier l'origine divine de l'homme. Le jugement a vu l'accusé condamné au versement d'une amende symbolique de cent dollars. Ce procès fit un scandale retentissant : les unes des journaux de l'époque ont évoqué l'affaire pendant des semaines, envoyant à Dayton – qui n'était alors qu'une petite ville de moins de deux mille habitants – plus de deux cents reporters afin d'assister au procès.

Lisa commet le même délit que celui dont Scopes a été accusé. Nouvelle Jeanne d'Arc de la science, défenseuse infatigable du darwinisme, elle se met à donner des leçons à ses camarades pendant lesquelles ils lisent des extraits du « livre interdit », *L'Origine des espèces* de Darwin, tout cela dans le plus grand secret, devant un tableau noir où il est écrit : « *Viva la evolución* ». Une intervention armée de la police met bientôt fin à cette conjuration, et Lisa est traînée au tribunal. La horde de reporters envoyés à Dayton, lors du véritable procès Scopes, est ici remarquablement incarnée par le présentateur vedette de Springfield :

> Ici Kent Brockman, en direct du procès Dieu contre Lisa Simpson. À la défense de mademoiselle Simpson, l'avocate libérale Clarice Drummond. Et pour représenter l'accusation contre Lisa, un modeste avocat de campagne, Wallace Brady.

Les noms de famille des deux avocats ne sont pas tirés du procès Scopes[1]. En revanche, ils ont été empruntés au film consacré à cette affaire, qui eut un grand succès en 1960 : *Inherit the Wind*, de Stanley Kramer. Le personnage de Clarice Drummond dans *Les Simpson*, une séduisante libérale de New York qui suscite immédiatement le rejet parmi le public conservateur et paysan de Springfield, est la doublure animée d'Henry Drummond, interprété par Spencer Tracy dans le film. Tandis que Wallace Brady, le « modeste avocat de campagne » qui conquiert tout de suite la sympathie de la salle, fait référence à Matthew Harrison Brady, incarné dans le film par Fredrick March.

L'autre différence, plus importante, avec le procès Scopes est que, dans le dessin animé, Lisa est déclarée innocente. Pour être honnête, le débat est un peu décevant : l'acquittement n'est pas convaincant, du fait qu'il survient soudainement alors qu'Homer, se comportant comme un singe en essayant de décapsuler une bouteille de bière, se voit considéré par le jury comme la preuve vivante de l'existence du « chaînon manquant ».

Et le *happy end* écœurant déçoit encore davantage, avec le retour de la paix sur tous les fronts et la conversion de Marge à

---

1. En revanche, les prénoms sont ceux des véritables avocats, mais déformés : l'avocat à la défense de Scopes s'appelait Clarence Darrow, et celui de l'accusation William Jennings Bryan.

l'évolutionnisme. Mais la chose qui a le plus contrarié les fans américains des *Simpson*, religieux ou non, est l'aspect partial de la parodie. Alors que dans les épisodes qui ont fait la grandeur de la série, celle-ci s'attaque à tous, dans « Le vrai descendant du singe », la satire n'a qu'une seule cible : les créationnistes.

Bref, c'est un humour un peu trop linéaire et partisan, pour un public habitué à des choses bien plus raffinées comme celui des *Simpson*. D'un autre côté, comme nous le disions au début du chapitre, il y a *deux* épisodes qui traitent de l'évolutionnisme et du créationnisme, et le premier est un tel chef-d'œuvre qu'il en est un modèle trop encombrant pour quiconque, comme nous allons le voir.

Un fossile qui dérange

Il existe un scientifique que les auteurs des *Simpson* non seulement admirent, mais pour lequel ils ont aussi une affection sincère : il s'agit de Stephen Jay Gould, le grand paléontologue, biologiste évolutionniste et vulgarisateur scientifique décédé en 2002. Il suffit d'une seule anecdote pour se faire une idée de la façon dont sa disparition a pu toucher les créateurs de la série, dont certains l'avaient connu en personne, en tant qu'étudiants, à Harvard. Gould est mort le 20 mai, à l'âge de soixante ans. Eh bien, en plus du fait de lui dédier l'épisode suivant sur la Fox[1], diffusé aux États-Unis à peine deux jours après sa mort, les créateurs du dessin animé sont arrivés à le modifier au dernier moment, en remplaçant deux secondes de la scène finale par quelques images de l'épisode « Les ailes du délire ».

C'est un hommage que Gould aurait certainement apprécié. Et ce pas seulement parce que « Les ailes du délire », signé par David Cohen, possède un des meilleurs scénarios des *Simpson*, mais aussi

1. Dana Gould, « Flic de choc », 22 mai 2002 (DABF17).

parce que l'inoubliable *guest star* qui y fait une apparition n'est autre que Gould lui-même. Il avait accepté de prêter sa propre voix dans cet épisode datant de 1997, ce qui prouve de sa part un sens de l'humour sans pareil, car aussi bien lui que la science ne s'y montrent pas à leur grand avantage. En même temps, « Les ailes du délire », en ce qui concerne le rapport tourmenté entre science et société, est à l'origine de tous les épisodes sur ce sujet, une synthèse brillante sur le statut de la science à Springfield et, avec une bonne approximation, dans la réalité où nous vivons.

L'épisode s'ouvre sur une Springfield plus ensoleillée que jamais. La famille en voiture s'arrête au feu rouge, devant le énième supermarché en construction. Les premiers mots de Marge nous font déjà goûter l'atmosphère qui imprègne tout l'épisode : « Oooooh ! C'est le nouveau centre commercial méga-géant ! Il paraît que l'air climatisé y sera plus puissant qu'un million de bombes H… » Mais Lisa se montre beaucoup moins enthousiaste : « Eh ! Ils ne vont tout de même pas construire un parking sur la prairie des brontosaures ! C'est là qu'on a trouvé tous les fossiles… » Et malgré la leçon pragmatique d'Homer (« On s'en fiche des fossiles ! On ne peut pas arrêter le progrès à cause d'un paquet d'os boueux ! »), Lisa décide d'entreprendre comme à son habitude une bataille solitaire contre le massacre de la prairie des brontosaures, même si personne n'est prêt à la suivre.

Elle se présente donc sur le site de fouilles accompagnée de l'avocat improbable Lionel Hutz[1]. Contre toute attente et malgré l'inefficacité totale de Hutz, la petite fille parvient à obtenir ce qu'elle veut : l'interruption temporaire du chantier et l'autorisation d'organiser une journée de fouilles. Par le biais d'un habile chantage auprès du directeur Skinner, Lisa réussit même à impliquer toute l'école dans l'entreprise. Cependant, la journée passe sans aucune découverte digne d'intérêt. Jusqu'à ce que, pile au moment où elle

1. De toutes les professions, celle d'avocat est la plus raillée dans *Les Simpson*.

s'apprête à tout laisser tomber, Lisa trouve quelque chose de remarquable : un squelette qui semblerait humain, sans cette troublante paire d'ailes à ses épaules.

Le site de fouilles se retrouve subitement encerclé par une foule intriguée. Suit un échange entre Lisa et ses concitoyens qui vaut le détour, car il montre en un condensé admirable un nombre considérable de réactions différentes. Par exemple, l'inquiétude d'en arriver à une conclusion devant l'improbable ; ou la propension à se laisser influencer par les apparences ; et en même temps, l'effort remarquable de Lisa d'établir une hypothèse scientifique, bien que la situation mette à rude épreuve la lame pourtant affilée du rasoir d'Occam, le principe méthodologique d'après lequel on ne devrait jamais rendre compliqué ce qui ne l'est pas. Lorsque Lisa remarque que certains des os font penser à des ailes, Ned Flanders, fidèle à ses références culturelles, lui demande : « Tu veux dire… comme un ange ? » Puis :

Lisa : Voyons, tout le monde sait que c'est impossible !
Moe : Lisa a raison, c'est un ange !
Homer : Alors ça, c'est intéressant !
Lisa : Mais ça ne peut pas être un ange !
Moe : Ah non ? Puisque t'es tellement sûre de ce que ce n'est pas, alors tu vas nous dire ce que c'est !
Ned Flanders : Oui, allez Lisa, dis-nous.

L'hypothèse formulée par Lisa est admirable : « Je sais pas. C'est peut-être un… un… homme de Neandertal qui s'est fait mordre par des poissons fous furieux ! » Mais le commissaire Wiggum lui coupe vite la parole : « Ouais, tout le monde a déjà entendu parler des anges. Mais qui a entendu parler de "homme de Néanmachin" ? N'importe quoi ! »

Le squelette des anges

Cet échange polyphonique de répliques joue sur deux niveaux, comme c'est aussi le cas dans la vie de tous les jours. D'un côté, on a le niveau explicite du *contenu*, qui tend à trouver une explication simple à ce squelette étrange et inclassable dans l'immédiat. De l'autre côté, on a le niveau implicite de la relation, dans lequel le surprenant fossile force chacun des individus présents à se redéfinir en fonction des autres, et vice-versa. C'est ainsi que se créent au moins deux polarités sémantiques, qui se situent chacune à une des deux extrémités de deux axes de valeur différents. En simplifiant un peu, ce sont le « nous sommes croyants/humbles/simples alors que tu es athée/hautaine/tordue » de la foule, et le « je suis intelligente/rationnelle/cultivée alors que vous êtes stupides/irrationnels/ignorants » de Lisa.

Le fait que l'interaction ait lieu sur deux niveaux, dont un seulement est explicite, n'est pas dénué de conséquences, comme du reste il ne l'est pas non plus dans des circonstances identiques dans la vie réelle. Par exemple, dans les conflits occasionnés par le syndrome du NIMBY (*Not In My BackYard*), où l'objet de la dispute peut être « dangereux *vs* sûr », alors que la relation tourne autour de « vous nous avez ignorés *vs* vous êtes des égoïstes ». Ou sur les questions de bioéthique, où la polarité annoncée est, par exemple, entre « personne *vs* amas de cellules » quand, à l'origine du conflit, on trouve une opposition semblable à celle sur laquelle se fonde l'hostilité entre Lisa et les autres habitants de Springfield : chacun tente de jouer sur son propre terrain sans pour autant le faire trop remarquer. Et dans des situations de ce genre, la conséquence la plus néfaste est que, tant que dure la dispute, on risque de ne jamais trouver une solution, un terrain d'entente. Du moins, tant que la confrontation continue à se dérouler sur un seul des deux niveaux, celui du contenu, en ignorant celui de la relation[1].

1. À propos des concepts cités, en particulier ceux de contenu et de relation, voir Gregory Bateson, *Vers une écologie de l'esprit*, Seuil, 1996. Et Paul Watzlawick, Janet Beavin et Don Jackson, *Pragmatique de la communication humaine*, déjà cité.

C'est exactement ce qui a lieu face au fossile de la prairie des brontosaures. Lisa reste ferme dans ses idées, et formule une hypothèse qui se veut scientifique : après avoir écarté l'explication la plus immédiate (« c'est un ange ») à cause de son incompatibilité avec les lois de la nature, elle en cherche une plus tirée par les cheveux mais plausible. Et il faut admettre qu'elle en imagine une très suggestive, illustrée avec brio par la reconstruction animée d'une scène où l'on voit un malchanceux homme de Neandertal se faire attaquer par deux poissons voraces (dont les arêtes formeraient les ailes de l'ange), alors qu'il trempe ses bras dans la rivière.

En revanche, Flanders le dévot et Moe l'ultraréactionnaire n'ont pas besoin de formuler des hypothèses : ils ont déjà leur propre certitude, qui procède de deux présupposés typiquement non scientifiques. Pour Moe, une chose est ce qu'elle paraît être quand on la perçoit immédiatement (« cette chose a l'apparence d'un ange, donc c'est un ange »). Pour Flanders, c'est la foi religieuse qui lui indique avec certitude que les anges existent. Paradoxalement, celle qui passe ici pour arrogante est Lisa avec son scepticisme (« Puisque t'es tellement sûre... tu vas nous dire... »).

Le fossé entre les deux positions n'est pas franchissable, et ce non seulement à cause de l'absence d'un arrière-plan sémantique partagé (tout le monde connaît les anges alors que seule Lisa semble connaître l'homme de Neandertal), mais aussi et surtout à cause de l'absence d'une méthode partagée : selon le commissaire Wiggum et les habitants de Springfield en général, pour qu'une chose existe, il faut que tout le monde en ait entendu parler. Ce qui n'est pas l'avis de Lisa. Il est important de souligner que cette différence ne place pas les deux positions sur un plan symétrique : pour la petite fille, la présence du fossile représente un problème auquel elle se sent dans l'obligation de fournir une explication, tandis que le reste de la communauté considère que l'affaire pourrait s'arrêter là. Ainsi, ce sera à elle d'assumer la responsabilité de faire le premier pas. Le seul qui semble parvenir à se tenir à l'écart du conflit est celui qui, de tous, s'est posé le moins de questions : Homer. De son point de vue, quoi que représente le fossile, il doit bien avoir une certaine valeur. C'est ainsi que, pendant que les autres se disputent, il s'en empare et l'emmène chez lui. Il l'expose ensuite dans son garage.

Les faits, ça n'a aucun effet !

Homer a vu juste. En moins de temps qu'il ne faut pour le dire, le fossile révèle sa valeur : du jour au lendemain, la maison des Simpson devient le théâtre d'un incessant pèlerinage de fidèles et de curieux, qui sont prêts à débourser 50 cents rien que pour voir l'ange et le toucher.

La seule à ne pas jouer le jeu est comme d'habitude Lisa qui, en plus de la rigueur scientifique, porte aussi sur ses petites épaules jaunes le fardeau de la rigueur morale. « Papa, ce n'est pas bien de prétendre que cette chose est un ange, » se plaint-elle, « on a aucune preuve que c'en est un ! [...] Laisse-moi le confier au muséum, juste une journée. Ils feront tout un tas d'analyses et ils prouveront que ce n'est pas un ange. » Homer n'en fait qu'à son idée et ne veut rien entendre : ange ou pas, ce « truc » rapporte bien. S'en séparer ou, pire, en révéler la vraie nature serait un « sacrilège », soutient Homer.

Le renversement des rôles face à une question d'éthique, entre adulte et enfant, a ici une portée comique. Du reste, le fait qu'Homer se comporte régulièrement de manière bien plus puérile que ses enfants est une des plus amusantes caractéristiques de la famille. Cependant, aussi bien le père que la fille se montrent ici conscients que leurs forces ne suffisent plus. Ils cherchent donc à établir des alliances avec deux institutions extérieures différentes. Homer faisant appel à la « sacralité » de l'ange, bien qu'il soit évident qu'il a ici recours à la religion uniquement dans le but de masquer des intentions vénales. Lisa, de son côté, se tourne vers l'autorité des « analyses scientifiques », moins divine mais tout aussi puissante. C'est la raison pour laquelle elle apporte pendant la nuit un fragment d'os de l'ange au musée, afin de le soumettre à un test ADN.

Et c'est justement au Muséum d'histoire naturelle qu'a lieu la rencontre avec le professeur Gould qui, portant une blouse blanche pour l'occasion, est occupé à analyser un échantillon au microscope, devant un tableau noir où figure la représentation d'un trilobite. Lisa lui montre son fragment, dont Gould a déjà entendu parler, et lui demande d'effectuer un test ADN. Gould lui promet qu'il le fera le lendemain, et quand Lisa le prévient qu'elle n'a pas les moyens de le payer, Gould la rassure en riant : « Je ne suis pas devenu un scientifique pour m'enrichir. Le peu que tu pourras me donner fera l'affaire. »

Cette référence à l'argent détonne dans la première apparition du grand chercheur. Et en effet Lisa est un peu déconcertée par le manque de générosité de son idole, qui en fait lui a demandé *tout* l'argent qu'elle possédait. Comme on le découvrira bientôt, c'est une fausse note voulue par le scénariste, car l'argent justement – thème déjà abordé par Homer – est un des mots-clés de l'épisode. En tout cas, bien que dépouillée de ses quelques sous, Lisa a enfin un allié. Elle peut, à présent, espérer démontrer que son scepticisme n'était pas infondé. Elle en est même si sûre et son envie de se venger est telle qu'elle ne se retient pas de le faire savoir au public de pèlerins qui remplit le garage. C'est une scène exceptionnelle, où Homer, pour contrebalancer l'enthousiasme de sa fille qui se sent à deux doigts de connaître « la réalité des faits », lance une de ses plus célèbres répliques : « Les faits, ça veut rien dire ! On peut se servir de faits pour prouver des choses qui ne sont presque pas vraies. Les faits, ça n'a aucun effet ! »

C'est vrai, que fait-on avec des faits ? Encore une fois, il semble qu'Homer ait raison, avec son argument paradoxal teinté de scepticisme, dont le contenu relève presque du mystique. Car lorsque Gould arrive au garage, tout essoufflé d'avoir couru à la recherche de toilettes, Lisa est énormément déçue : les résultats de l'analyse sont peu concluants, explique le savant. En l'absence de faits concluants, c'est « la force irrésistible du mystère religieux » qui fera capituler la science, comme l'annonce le révérend Lovejoy, quel que soit le sens de ses paroles. Et Moe peut alors s'acharner sur Lisa, en faisant d'elle le mouton noir de Springfield : « Rentre chez toi avec ta science ! »

Une souffrance solitaire

Peut-on imaginer pire, pour notre grande héroïne haute comme trois pommes ? Malheureusement, oui. Après avoir perdu l'appui intellectuel de Gould, la fillette est sur le point d'être également déçue par la dernière personne qui pouvait encore lui offrir un soutien inconditionnel : sa maman. Comme d'habitude lors de ce genre de moment crucial, c'est la cuisine qui sert de décor à la scène :

Lisa :	Oh ! Cette bande d'abrutis m'a mise hors de moi !
Marge :	C'est possible, mais j'aimerais bien que tu ne les traites pas d'abrutis.
Lisa :	Mais ils sont abrutis ! Quel adulte sensé peut croire en l'existence des anges ?
Marge :	Eh bien... ta mère pour commencer.
Lisa :	Toi ? Mais... tu es une femme intelligente, maman...
Marge :	La vie, ce n'est pas seulement ce que l'on voit avec ses yeux, Lisa. Chacun a besoin de croire en quelque chose.
Lisa :	Ce n'est pas que je sois fermée à toute croyance, seulement j'ai un peu de mal à croire qu'il y a un ange mort dans notre garage.
Marge :	Ma pauvre Lisa ! Si tu es incapable de croire aveuglément de temps en temps, eh bien, je te plains sincèrement.
Lisa :	Il n'y a vraiment pas de quoi, maman. C'est moi qui te plains sincèrement !

Cette scène a quelque chose de poignant, comme c'est souvent le cas lorsqu'on représente la solitude inéluctable de l'enfance, et elle présente une progression on ne peut plus mimétique. Au départ, Marge se fâche contre des broutilles, l'emploi du mot « abruti », comme si le problème en cause était l'impolitesse. Lisa ne marche pas, et Marge se trouve forcée d'affronter le nœud du problème, en admettant être de l'autre côté de la barrière : elle aussi croit aux anges, ce qui explique pourquoi elle a si mal réagi au mot « abruti ». Certes, il reste son amour maternel, mais ce n'est pas ce dont Lisa a besoin maintenant.

La scène est mimétique particulièrement en ce qui concerne Marge. Parce qu'elle aussi souffre comme on peut souffrir lors des conflits intergénérationnels à l'intérieur d'une famille, bien qu'elle ne soit pas seule dans sa conviction, comme l'est en revanche sa fille. C'est une souffrance solitaire et domestique, qui a pour décor la cuisine ou encore la salle à manger.

C'est ce genre de saynètes du microcosme familial qui contribuent à faire des *Simpson* le chef-d'œuvre qu'il est. C'est une occasion de tenter de comprendre, par exemple, en quoi ont échoué les dernières campagnes référendaires, comme celle pour la modification de la loi 40 sur la procréation médicalement assistée. Ce que l'on n'a pas su évaluer pleinement est justement l'impact que des opinions prévues en apparence, du moins par une élite éclairée (ceux que Lisa appelle les gens « intelligents »), comme celle en faveur de l'usage pour la recherche des cellules souches d'embryons destinés de toute façon à être supprimés, peuvent avoir dans ce magma chaotique d'émotions, de traditions et de sensibilités que sont les microcosmes familiaux. Autrement dit, la rigueur orgueilleuse de Lisa représente une bouffée d'air frais *intellectuellement* (et aussi d'un point de vue spirituel), mais elle est contre-productive *stratégiquement* : en accentuant et en radicalisant les fractures, elle conduit à l'isolement. Comme lui dit Homer dans l'épisode « La guerre pour les étoiles[1] », alors qu'il

1. Dan Greaney et Allen Grazier, « La guerre pour les étoiles », déjà cité.

se sent humilié après avoir pris un télescope pour un kaléidoscope : « T'es pit-être une fille intelligente, mais t'as toujours pas compris qu'il faut pas blesser les gens. »

La rupture est définitive et asymétrique

Et justement, à propos de campagnes (référendaires ou non) misérablement ratées à cause d'un usage naïf des médias, en Italie comme aux États-Unis, voici la performance émouvante et catastrophique de Lisa à la télévision de Springfield. C'est une représentation parfaite de l'inefficacité d'une argumentation purement rationnelle, lorsqu'on se trouve sur un plateau de télévision. Nous sommes dans « Smart Line », l'émission d'enquête de Kent Brockman :

Kent : Mademoiselle Simpson, comment pouvez-vous afficher un tel scepticisme alors que cette chose ressemble comme deux gouttes d'eau à un ange ?

Lisa : Je prétends que c'est un fantasme. Si on croit que les anges existent, alors pourquoi pas les licornes, les monstres marins ou les lutins ?

Kent : Oh, ne dis pas n'importe quoi, Lisa ! Chacun sait que les lutins sont une espèce éteinte !

Lisa : De deux choses l'une, ou on accepte la science et on affronte la réalité, ou on croit en l'existence des anges et on vit dans un monde imaginaire infantile...

La scène suivante se déroule dans l'église de Springfield, où les personnes présentes regardent l'émission en question. « La science ! Qu'est-ce que la science a fait pour nous ?... Coupure télé ! », s'exclame Moe, tout en éteignant la télévision... avec la télécommande. Et Ned Flanders de commenter : « La science est exactement comme les bavards qui vous gâchent un film en vous racontant la fin. Moi je dis qu'il y a des choses qu'on n'a pas envie de savoir, des choses importantes ! » À ce moment précis, les gens réunis dans l'église, indignés de l'arrogance de la science, abandonnent le local de l'église pour aller détruire le Muséum d'histoire naturelle et le laboratoire de robotique, armés de torches et de fourches. « Les technocrates reçoivent une leçon d'humilité ce soir », commente Brockman avec satisfaction pendant que sont diffusées les images. « Les supporters de l'ange saccagent toutes les institutions scientifiques de Springfield. » En conclusion, Lisa s'est retrouvée prise au piège d'un mécanisme plus grand qu'elle. Les médias ont des effets explosifs : les technocrates d'un côté, les supporters de l'ange de l'autre. La fracture est définitive.

Et, encore une fois, elle n'est pas symétrique : quand le conflit s'étend au-delà des murs des laboratoires et des pages des revues spécialisées, la science est de toute manière perdante. Même quand elle a raison. Parce que les instruments qui lui permettraient de gagner, mais qui la précipitent dans l'échec, ne sont pas les siens. Ce sont inévitablement des instruments *non* scientifiques : la rhétorique médiatique, la démagogie, le fanatisme ou, dans le meilleur des cas, la force de persuasion. Par ailleurs, quelle argumentation rationnelle pourrait contrer l'affirmation désarmante de Ned Flanders : « Il y a des choses qu'on n'a pas envie de savoir, des choses importantes ! »

Fin

Pendant ce temps-là, l'ange a disparu, jetant Homer dans le désespoir et Lisa sur le banc des accusés. Tout le monde pense que c'est elle qui l'a fait disparaître, on décide alors de la juger. Dans ce cas aussi, le procès est une parodie explicite du *Monkey trial* : « Lisa Simpson », commence le juge, « vous êtes accusée d'avoir détruit une curiosité historique, ce qui est un grave délit. Mais au-delà de votre acte, ce procès réglera définitivement la question séculaire de la science contre la religion. » À la différence de ce qui advient dans « Le vrai descendant du singe », la condamnation semble ici inévitable. Quand survient un coup de théâtre : l'ange réapparaît comme par magie sur les collines de Springfield. Il porte sur lui un message apocalyptique : « La fin viendra au coucher du soleil. »

On en informe naturellement le pape, que l'on retrouve en train de lire le journal, *La Stampa* plus précisément. Et les habitants de Springfield peuvent laisser éclater au grand jour leurs rêves apocalyptiques les plus secrets, du sexe à la nourriture. À cette occasion, Patty et Selma, fumeuses invétérées, alors en train de fumer avec avidité celle qui devrait être leur dernière cigarette, font cette remarque géniale à dix secondes du coucher de soleil : « On a réussi ! On a été plus fortes que le cancer ! »

Seule Lisa ne réussit pas à participer au climat de terreur et d'indulgence inspiré par la fin imminente : pendant que les autres scrutent le ciel, elle continue, imperturbable, à lire le numéro du *Scientific American* qu'elle a emporté sur la colline (détail qui a beaucoup flatté John Rennie, qui était déjà directeur de la revue à l'époque[1]).

Quand le soleil descend sous l'horizon, il y a une charge de suspense instantanée comme on en rencontre peu dans *Les Simpson*, où les événements se succèdent en général si frénétiquement qu'ils ne laissent pas la place au suspense. Mais voilà que l'ange se dresse au-dessus du sol et prononce une phrase lapidaire : « Silence ! Préparez-vous pour la fin ! La fin... des prix élevés ! » On découvre finalement le pot aux roses : ni ange ni fossile, le squelette était en fait en plastique, et n'était qu'une trouvaille publicitaire pour l'inauguration du nouveau centre commercial, celui avec l'air climatisé plus puissant qu'un million de bombes H, et dont les administrateurs ont exploité le sens civique de Lisa comme idée de campagne publicitaire retentissante. Les habitants de Springfield, qui ont une prédisposition pour le consumérisme bien plus grande que pour la religiosité, ne s'indignent même pas du canular dont ils ont été victimes, et se précipitent dans le centre avec enthousiasme pour faire des achats.

1. Entretien de l'auteur avec John Rennie, mai 2007.

Lisa est la seule à avoir conservé la capacité de s'indigner. Mais il n'y a pas que l'indignation qui la dérange, quelque chose d'autre la taraude. Et cela a à voir avec Stephen Jay Gould. « Je ne comprends pas, professeur. Pourquoi vos analyses n'ont pas montré que c'était un faux squelette ? », lui demande-t-elle. Sur ce, Gould est forcé d'admettre la vérité : « Pour être tout à fait franc, Lisa, je n'ai pas fait ces analyses. » C'est ainsi que s'achève l'épisode, et la science a maintenant perdu son innocence.

Le marché comme *deus ex machina* est donc le thème de fond de cet épisode comme de tant d'autres. Il est ici en mesure de manipuler à volonté l'opinion des gens, de jouer avec la naïveté et les faiblesses de la foi, d'une part, et de la science, de l'autre, en les dressant l'une contre l'autre jusqu'à ce qu'elles s'épuisent, pour ensuite retourner la situation à son propre avantage. Face à la toute-puissance du système capitaliste, la science et la société sont toutes deux représentées comme lâches, pas à la hauteur. C'est un portrait fidèle et amer du contexte historique actuel, du moins en Occident. Le parallèle établi entre la séquence de l'assaut incendiaire des centres de recherche et celle, en fin d'épisode, de l'assaut joyeux du centre commercial a quelque chose d'angoissant. C'est encore une confirmation de cette capacité qu'a *Les Simpson* a nous faire réfléchir sur nous-mêmes. En nous tordant de rire, naturellement.

En ce qui concerne Lisa, cet épisode est une véritable débâcle : sa confiance en la science, ici incarnée par Gould, se révèle aussi injustifiée que celle de ses concitoyens dans les anges. Non pas parce qu'il lui arrive de capituler, non pas parce que les résultats scientifiques peuvent ne pas être concluants. La raison de sa désillusion est ailleurs, elle vient en fait de la nature humaine des scientifiques.

La science en elle-même n'est pas que méthode : quand elle s'insère dans la réalité de tous les jours, elle est forcée de « s'incarner », tout comme la foi. Et les gens, y compris les scientifiques, ne sont pas à la hauteur de la rigueur de la science. Ils sont remplis de compromis et source de déception. L'intérêt scientifique s'entremêle inévitablement avec l'intérêt économique, le dévouement du chercheur cède le pas à la nécessité de se confronter à la réalité quotidienne, ne fût-ce que pour se précipiter aux toilettes. En même temps, c'est justement en partant de la représentation de leurs faiblesses respectives que les scientifiques et les citoyens lambda peuvent espérer réaliser de nouveaux moyens de communication : moins condescendants, plus conscients et intrinsèquement ascendants : *bottom-up* comme on dit en anglais. Le fait qu'un grand scientifique et vulgarisateur tel que Stephen Jay Gould ait accepté de jouer le jeu, en prêtant sa voix et en se faisant caricaturer comme un sympathique vieux renard bedonnant, incontinent, un peu cupide, hypocrite et prêt à trahir la confiance d'une petite fille, en est la preuve la plus convaincante.

Chapeau !

CONCLUSION

Essayer est le meilleur moyen de se planter

Les quotidiens vieillissent vite, ils ne durent qu'un jour, comme dit le vieil adage, et ils ne sont bons qu'à emballer le poisson. Il en est presque toujours ainsi, c'est vrai. Mais pas tout le temps. Le 17 août 2006, par exemple, on a pu lire en première page de *La Repubblica* un texte dont beaucoup se souviennent. Et que certaines personnes, moi y compris, ont même conservé. Ce n'était ni un article ni un éditorial. Il s'agissait d'une oraison funèbre. Et elle commençait avec ces mots : « Mon cher Uri, cela fait maintenant trois jours que presque toutes mes pensées commencent par "Tu ne". Tu ne viendras pas, tu ne parleras plus, tu ne riras plus avec moi[1]. » Cela parlait de Uri Grossman, un jeune homme de vingt ans à peine, mort quatre jours plus tôt dans le conflit entre l'armée d'Israël et les miliciens du Hezbollah. L'auteur de ce texte était son père, David Grossman, un des plus grands écrivains israéliens vivants, d'après ce qu'on dit. Un de ceux que j'apprécie le plus, c'est certain. Parmi tous ces « Tu ne » touchants avec lesquels commencent les pensées de Grossman, il y en a un qui m'a frappé violemment. Qui m'a bouleversé, avec une intensité et une vitesse insoutenables. J'ai ressenti l'inconsolable

1. David Grossman, « La nostra famiglia a perso la guerra » ("Notre famille a perdu la guerre"), *La Repubblica*, 17 août 2006.

sentiment de perte, physique aussi, que la mort d'Uri devait avoir représenté pour sa famille : « Tu ne regarderas plus *Les Simpson* avec moi », écrivait Grossman.

Moi aussi, je regarde *Les Simpson* avec mon fils. C'est un rendez-vous familial qui dure depuis des années sans interruption. Un rendez-vous quotidien qui s'est jour après jour non seulement insinué dans notre relation, mais a fini par la modeler, par en devenir partie intégrante. Si au moins une infime partie de nos visions respectives du monde se chevauchent, dialoguent et suscitent les mêmes émotions, le mérite en revient surtout aux Simpson. Et d'après ce que me racontent mes amis, je crois que ce n'est pas rare de ressentir cela, au contraire : la jouissance éprouvée devant *Les Simpson* est intrinsèquement collective. Bien sûr, on peut regarder la série seul, sur un écran d'ordinateur, mais on sera poussé au partage : ce dessin animé suscite l'envie irrésistible de le commenter avec un ami, de se souvenir ensemble des dialogues.

Et parmi toutes les possibilités de profiter collectivement des Simpson, le visionnage en famille (j'entends « famille » au sens large, les gens qui vivent sous le même toit, partagent un lien affectif et, surtout, le même téléviseur) est, pour de nombreuses raisons, privilégié. Surtout pour une raison que nous pourrions qualifier de mimétique : les Simpson sont eux-mêmes une famille, et les dynamiques qui se créent entre les différents personnages sur l'écran finissent inévitablement par refléter celles qui existent entre les spectateurs devant l'écran. Les Simpson sont une famille qui passe une bonne partie de son temps à regarder la télévision, ce qui contribue en plus à créer un effet miroir entre l'observé et l'observant.

Plus encore, parmi les milliers de programmes que la télévision propose, grâce à ses multiples niveaux d'interprétation générés par l'abondance des allusions et autres références culturelles, *Les Simpson* fait partie des émissions capables de satisfaire un public transgénérationnel. Autrement dit, un parent ne regarde pas ce dessin animé pour ne pas laisser ses enfants seuls devant la télé, et les enfants ne le font pas pour faire plaisir aux parents : chacun le regarde pour son propre plaisir, pour en tirer un pur divertissement personnel.

Enfin, en tant que groupe restreint de personnes qui partagent un toit, des liens affectifs et un téléviseur, les Simpson, comme toute cellule familiale, représentent un microcosme social. Le plus petit possible, celui qui marque la limite entre l'individu et les entités sociales plus étendues. Et c'est là peut-être l'aspect le plus caractérisant en ce qui concerne aussi la représentation de la science dans la série.

En effet, la science est partout : des laboratoires des centres de recherche au tableau de bord de nos voitures, de la publicité aux films de science-fiction. Mais on a presque toujours tendance à la considérer comme un sujet abstrait (les modèles de la science, ses théories, ses découvertes, ses méthodes), ou en rapport avec son impact sur nos vies (des nouveaux médicaments biologiques aux tissus produits par la nanotechnologie), ou encore selon ses conséquences sociales (financement de la recherche, politiques énergétiques, grandes questions bioéthiques, etc.).

En revanche, il est bien plus rare que l'on considère l'impact de la science sur ce réseau de relations intimes, quotidiennes et, par définition, non expert qu'est la famille. Que se passe-t-il lors du dîner, dans la cuisine, quand on annonce à la télévision qu'une nouvelle épidémie de grippe est à craindre ? Et quand on montre les images du lancement du *Shuttle* ? Ou encore, au moment d'acheter une voiture, quand on s'intéresse à l'esthétique, d'une part, et aux émissions de CO_2, de l'autre ? Ou quand sort un nouvel arrêté municipal sur le recyclage des déchets ?

Les Simpson nous le montre avec une variété surprenante de nuances et de détails telle qu'elle fait du débat sur la science en famille une reproduction de ce qui advient à plus large échelle, dans les talk-shows ou au Parlement. Parfois même plus riche, plus dense, car dans le microcosme familial les compétences et les convictions individuelles s'entremêlent avec les émotions et les rapports qui existent entre ses différents membres. Dans ce débat, s'il y a par exemple une petite écologiste à la Lisa, il y aura facilement quelqu'un de prêt à prendre le rôle du sceptique, si ce n'est celui du pollueur impénitent. En faisant abstraction, du moins en partie, de ses propres motivations rationnelles.

Mais cette quantité de dialogues axés sur la science ayant lieu autour de la table de la famille Simpson est une illustration de l'importance de la science dans notre vie quotidienne. Car si *Les Simpson* est, comme beaucoup d'indicateurs semblent le confirmer, le dessin animé culte de notre époque, la place qu'y occupe la science est également la place occupée par la science tout court.

En plus de cela, *Les Simpson* enseigne une chose fondamentale sur la science, d'une manière si indirecte qu'on ne s'en aperçoit pas. Une chose qu'on nous apprend rarement à l'école ou à l'université, parce qu'il s'agit d'une chose qui n'est pas censée être enseignée, et qui pourtant se glisse dans nos esprits, pour y rester longtemps. Pour le dire honnêtement, *Les Simpson* nous apprend à manquer de respect. Si l'on voulait prendre plus de précaution pour être gentil, on pourrait dire qu'avec ce dessin animé, on apprend à être irrévérencieux envers l'autorité, sceptique envers les politiques. On apprend que la science est inévitablement corrompue et que les scientifiques peuvent se montrer très faibles. Mais c'est en laissant la gentillesse à part, et en acceptant de plein gré les aspects moins politiquement corrects de ce dessin animé effronté, que l'on peut apprécier le mieux l'efficacité de son principe actif contre l'apathie et l'homologation, et donc sa plus précieuse valeur éducative. C'est-à-dire ce cocktail unique d'entêtement et de liberté qui fait de la science non seulement une méthode rigoureuse, mais la rend aussi extraordinairement en accord avec de jeunes esprits ambitieux et, pourquoi pas, rebelles.

Le manque de respect que nous enseigne *Les Simpson* n'a pas tant à voir avec l'arrogance exquise de Bart qu'avec la détermination et l'indépendance de Lisa l'insoupçonnée : par exemple, quand elle traite « d'abrutis » ceux qui ne pensent pas comme elle, ou quand elle ridiculise les passions de ses concitoyens avec condescendance. Elle ne le fait pas parce qu'elle est mal élevée, mais parce que son approche critique de la réalité rend son attitude à la fois intolérante et constructive. Le comportement de Lisa n'est pas sage. Il est la cause de ses ennuis, de son isolement, du fait qu'elle se sente « l'enfant la plus triste du cours élémentaire ».

Lisa est vouée à subir des défaites et des déceptions, parce que, comme aime à le dire le bien plus sage Homer, « essayer, c'est le meilleur moyen de se tromper[1] ». Mais c'est justement dans le fait d'essayer, malgré tout et tous, que réside la plus profonde beauté de la science. Bien plus qu'un documentaire ou qu'une leçon en classe de chimie, c'est un dessin animé tel que *Les Simpson*, au moins lors de son apogée (disons, de la saison 3 à la saison 10), qui peut nous l'apprendre, un dessin animé qui, sans laisser aucun arrière-goût moraliste, est rempli d'une causticité si gaie et visant tous les domaines qu'il nous fait sentir que l'on ne peut que l'aimer, cette vie absurde qui est la nôtre.

1. Dan Greaney, « Marge business », 7 décembre 1997 (5F06).

Dépôt légal : septembre 2008
N° d'éditeur : MJ 455
N° d'imprimeur : 19920
Imprimé en France par EMD S.A.S